これからはじめる Python 入門講座

〝文法から
機械学習までの
基本を理解〟

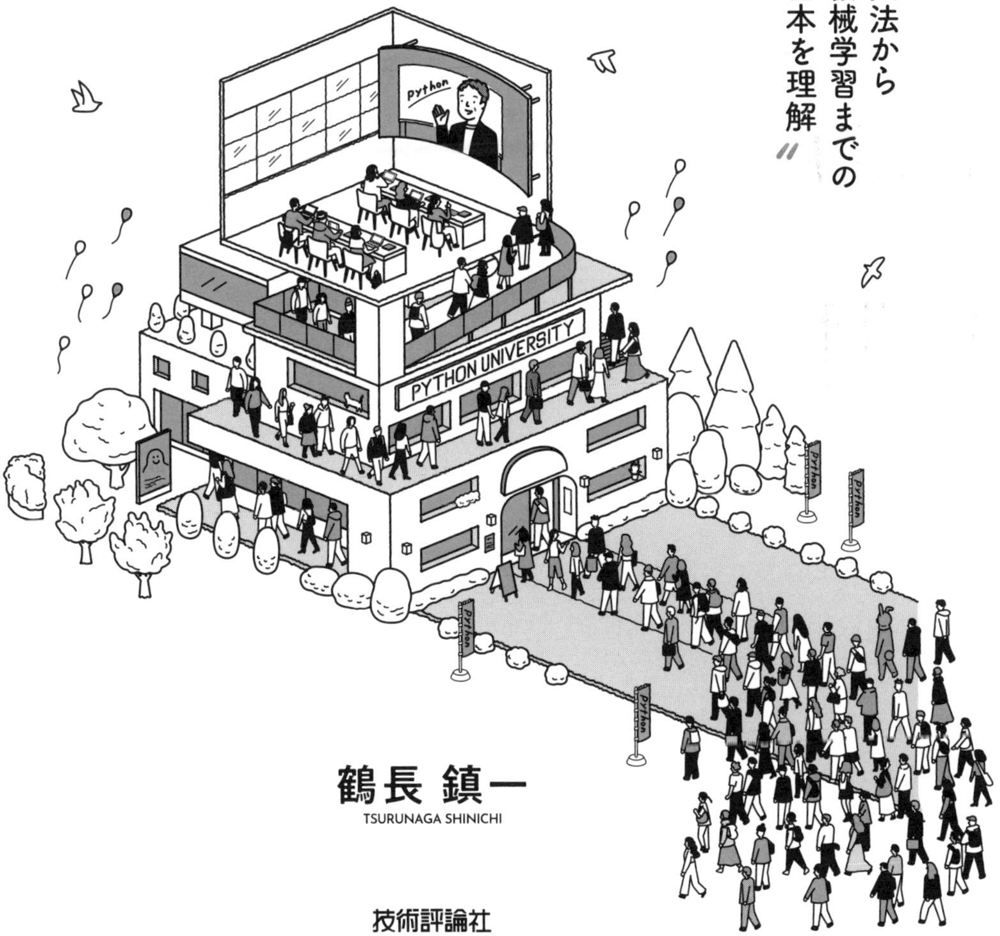

鶴長 鎮一
TSURUNAGA SHINICHI

技術評論社

はじめに

サイバー大学から講師の依頼を受けたのは2017年頃。現場に立つ1エンジニアの立場で、より実践的な講義をと考え、当時盛り上がりを見せていたPythonをテーマにすることを決めて講師を引き受けました。AIブームとともにPythonが注目されるようになり、またプログラミングを本職としない"ノンプログラマー"の方たちからの支持もあり、今ではITコースの定番として、多くの学生に受講されるようになりました。

サイバー大学の講義は、完全オンラインで行われます。そのため事前に講義内容を収録し、学習教材をeラーニングにして配信できるよう準備しておく必要があります。今でこそ書籍や技術ブログが無数にあふれていますが、開講当時は参考になるようなものが少なく、教材づくりにかなり苦労しました。特に困ったのが、実践的な講義にするという目的を果たすために、何を盛り込めばいいかという点でした。単にPythonプログラミングの基礎を教えても実践的とは言えません。Pythonを使って何ができるのか、活用方法まで教えることでPythonにより関心を持ち、Pythonプログラミングが身に付くのではと思い、基礎パートと実践パートからなる全15回の講義にすることにしました(P.3参照)。

この講義では、第6回までにPythonプログラミングに必要な基本事項を履修し、後半で各テーマにのっとった実践的なコードの作成と解説を行っています。全15回の講義から、基礎パートすべてと、受講生に人気のある「Webアプリケーション開発」、「データサイエンス」、「機械学習/ディープラーニング」を1冊にまとめました。eラーニングでは、小テストや演習課題を通して理解度を高めていますが、書籍に掲載できない代わりに、パートごとに「まとめ」を設けています。理解した内容を確認するのに役立ててください。

▶サイバー大学　Pythonプログラミング演習

基礎パート	第1回	オリエンテーション/Pythonの概要
	第2回	Pythonプログラミング基礎
	第3回	オブジェクトとクラス
	第4回	関数とモジュール
	第5回	Pythonプログラミング応用Ⅰ
	第6回	Pythonプログラミング応用Ⅱ（課題演習）
実践パート	第7回	WebアプリⅠ
	第8回	WebアプリⅡ
	第9回	WebアプリⅢ
	第10回	スマホアプリ
	第11回	インフラ自動化
	第12回	データサイエンス（解析/分析）
	第13回	機械学習/ディープラーニング
	第14回	GPUコンピューティング
	第15回	IoTプログラミング

（https://www.cyber-u.ac.jp/syllabus/latest/7129.html#contents02より）

本書は、これからPythonを学ぼうと思っている方はもちろん、Pythonの実践力を身につけたい方にもご活用いただけます。またPythonの授業を担当されている講師の皆さまも、本書の内容を授業に盛り込んでいただき、副教材としてご活用いただけますと幸いです。私自身、授業の設計では大変苦労しました。本書の内容は自由に授業に活用いただいて構いません。本書が多くの方のお役に立てますことを願っております。

2022年11月　鶴長 鎮一

◉ サンプルコードについて

- 本書で利用するサンプルデータは、以下の弊社サポートサイトよりダウンロードして利用することができます。なお、サンプルデータの著作権はすべて著者に帰属しています。本書をご購入いただいた方のみ、学習目的に限り自由にご利用いただけます。

  https://gihyo.jp/book/2023/978-4-297-13200-2/support

◉ ご注意

- 本書に記載された内容は、情報の提供のみを目的としております。したがって、本書を用いた運用は、必ずお客様ご自身の責任と判断のもとで行ってください。本書記載内容による運用結果について、著者および技術評論社はいかなる責任も負いません。あらかじめご了承ください。
- 本書は、2022年11月現在、内容確認や動作確認を行っています（一部画面が2022年11月の最新バージョンでない場合もありますが、動作確認は行っています）。ただし、ご利用時期によって内容や画面が変更されている場合がありますので、あらかじめご了承ください。本書ご購入の前には必ずバージョンをご確認ください。
- 本書掲載のプログラムは下記の環境で動作検証を行っております。

・macOS 12 Monterey／Windows 11
・Python 3.10.8
・Jupyter Notebook 6.4.8
・QtConsole 5.3.0

CHAPTER 1

基本編

Pythonの概要と開発環境の導入

前半ではプログラミング言語Pythonの起源や特徴について解説を進めていき、後半では本書で扱うサンプルプログラムを実行できるよう、Python実行環境のインストール方法を解説します。

1-1 Pythonの基本

ここでは、Pythonの起源や成り立ちについて簡単に触れていきます。Pythonがどのような用途で使われ、どのように活用していくかを理解することで、よりPythonへの興味を深めることができるはずです。

なぜPythonがさまざまな分野で用いられ、重要なキーアイテムになっているのでしょうか。これからPythonプログラミングを習得していくことで、どのようなメリットが得られるのか身に付けていくことにしましょう。

1-1-1 Pythonの起源

Pythonは、オランダ出身で現在アメリカ在住のグイド・ヴァンロッサム(Guido van Rossum)氏によって開発されたプログラミング言語です。

ヴァンロッサム氏は、アムステルダム大学を卒業後、さまざまな研究機関を渡り歩きながら、BSD系UNIX向けの`glob( )`ルーチンや、プログラミング言語ABCの開発などに携わっていました。その後33歳のクリスマス休暇にオフィスを締め出されたことをきっかけに、暇つぶしの趣味としてはじめたのがPythonの開発です。その後1991年リリースのバージョン0.9が、オープンソースソフトウェアとして配布されたことで注目を集めるようになります。

Pythonのアイコンはニシキヘビ(=Python)が採用されていますが、その名前の由来は、ヴァンロッサム氏がファンと公言する、イギリスのコメディ番組「空飛ぶモンティ・パイソン」ともいわれています。

Pythonは、ここ数年で日本国内でも注目されるプログラミング言語になりましたが、それ以前から海外では人気があり、2005年にGoogle社がヴァンロッサム氏を雇用するほどでした。

ヴァンロッサム氏は2012年にGoogle社を退社し、その後、Dropbox社へ入社しましたが2019年に退社しています。その後は、Pythonの開発や職業プログラマからは身を引き、引退生活を送ることを表明していましたが、2022年現在、Micorosoft社に勤務しています。

1-1-2 Pythonの目指すところ

ヴァンロッサム氏がPythonの開発資金を得るために、アメリカ国防高等研究計画局(DARPA)に送った資料に、開発目標が記載されています。「万人のためのコンピュータプログラミング(Computer Programming for Everybody)」と題された資料には、次のように書かれています。

- **容易かつ直観的な言語で、主要なプログラミング言語と同程度に強力である**
- **オープンソースであり、その開発に誰でも貢献できる**
- **平易な英語のようにわかりやすいコード**
- **日常的タスクに適しており、開発時間を短くできる**

(「https://ja.wikipedia.org/wiki/グイド・ヴァンロッサム」より引用)

プログラミング言語としてのPythonの開発に誰でも参加でき、誰でも自由に使用できるといった**オープン性**や、言語の学習に割く時間を最小限にして、コードの作成にかかる労力を抑えて効率的なプログラミングを可能にするといった**容易性**について言及されています。資料が送付された1999年にちなんで「**1999年の宣言**」と称され、現在もPythonの目指すところとして開発コミュニティで共有されています。

また、同じ1999年には、開発コミュニティの一員であるティム・ピーターズ(Tim Peters)氏が、Pythonプログラマが持つべき心構えを「**Zen of Python**」にまとめて発表しています。

「Zen of Python」の全文は、Pythonインタープリター上で次のように入力すると、確認することができます。Pyhton実行環境が使えるようになったら実行してみましょう。

```
>>> import this ↵
The Zen of Python, by Tim Peters

Beautiful is better than ugly.
Explicit is better than implicit.
Simple is better than complex.
Complex is better than complicated.
Flat is better than nested.
Sparse is better than dense.
Readability counts.
```

```
Special cases aren't special enough to break the rules.
Although practicality beats purity.
Errors should never pass silently.
Unless explicitly silenced.
In the face of ambiguity, refuse the temptation to guess.
There should be one-- and preferably only one --obvious way to do
it.
Although that way may not be obvious at first unless you're Dutch.
Now is better than never.
Although never is often better than *right* now.
If the implementation is hard to explain, it's a bad idea.
If the implementation is easy to explain, it may be a good idea.
Namespaces are one honking great idea -- let's do more of those!
```

これを日本語に翻訳すると次のようになります。

- 醜いより美しいほうがよい
- 暗示するより明示するほうがよい
- 難解であるより平易であるほうがよい
- 複雑であるより難解であるほうがよい
- ネストよりフラットなほうがよい
- 密集しているより隙間があるほうがよい
- 読みやすいことは善である
- 特殊であることはルールを破る理由にならない
- しかし、実用性を求めると自然さが失われることがある
- エラーは隠すな、無視するな
- ただし、わざと隠されているのなら見逃せ
- あいまいなものに出逢ったら、その意味を適当に推測してはいけない
- たったひとつの冴えたやりかたがあるはずだ
- そのやり方は一目見ただけではわかりにくいかもしれない。オランダ人(グイド・ヴァンロッサム氏を指す)にだけわかりやすいかもしれない
- ずっとやらないでいるよりは、今やれ
- でも、今「すぐ」にやるよりはやらないほうがマシなことが多い
- コードの内容を説明するのが難しいのなら、それは悪い実装である

・コードの内容を容易に説明できるのなら、おそらくそれはよい実装である
・名前空間は優れたアイデアであるため、積極的に利用すべきである

1-1-3 Pythonの需要

Pythonの文法は、他のプログラミング言語と比較しても理解しやすく、マサチューセッツ工科大学をはじめ、米国ではコンピュータサイエンスの入門向け講座でもっとも多く使用されています。日本国内の大学や専門学校でも、プログラミング入門用教材としてPythonの利用が浸透してきています。

また開発現場のエンジニアにも人気があり、電気通信分野の標準化団体であるIEEEによる調査(https://spectrum.ieee.org/top-programming-languages-2022)においても、重要なプログラミング言語として1位にランキングされています(**図1-1**)。

図1-1 ▶ 2022年IEEE調査によるプログラミング言語トップ10

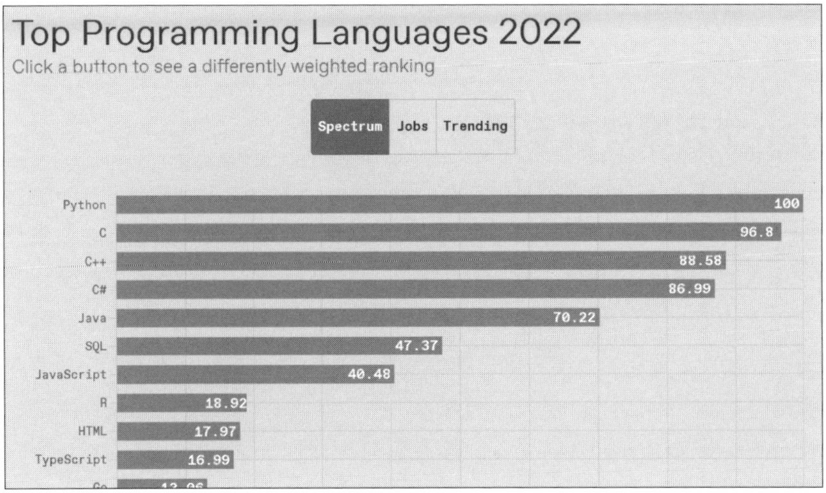

また日本国内でのPythonの需要は年々高くなっており、次に挙げるランキングで上位また1位となっています。

・言語別平均年収ランキング
・求人言語ランキング
・転職時に希望する言語
・習得したい言語

Pythonが活躍している分野は多岐にわたり、たとえば次のような分野で活用されています。

- **IoT**
- **車載デバイス**
- **スマートフォン**
- **クラウド**
- **AIやロボット**
- **データサイエンス**
- **サーバー／ネットワークインフラ構築**

これらの分野以外にも活躍の場が拡がっています。たとえばEdTechやFinTechのように「X-Tech」と称されるテクノロジー分野でも、Pythonがキーアイテムになっています。

Pyhonの用途は、使い捨ての簡易なバッチ処理からキャリアグレードのアプリケーションまで幅広く対応しています。そのため社内のサービスや基幹システムに導入する企業も多く、Google社、Microsoft社、Cisco Systems社、Dropbox社といった大企業がPythonを主要言語に採用していることからも伺えます。

1-1-4 Pythonが支持される理由

Pythonは、データサイエンティストやインフラエンジニアといったプログラミングを生業としていない非プログラマーを中心に受け入れられた言語です。JavaやCといった他の高級言語では、プログラミングするまでに多くの知識を習得する必要がありますが、Pythonはそれらに比べて短い時間で習得できるため、その分を他の作業に割いたり本業に集中したりできることが支持された理由の1つでした。

また本格的なプログラミングにも十分対応でき、Pythonの標準ライブラリーだけでもサーバークライアント型のソフトウェアを作成することもできます。

さらにサードパーティー製のライブラリーやAPIを導入すれば、画像処理／データ分析／機械学習といった高度な処理も簡単なコードで実行できるようになります。これらの魅力的なライブラリーの多くがPythonと同じように無償で手に入れられるのも大きな魅力です。

Pythonが支持された理由をまとめたものが次の一覧となります。

- 開発環境や実行環境が無料で入手できる
- ネットに情報が多く初心者にも利用しやすい
- 可読性の高いシンプルな文法
- プログラムの作成、実行が容易なインタープリター型の言語
- 標準ライブラリーが豊富
- 教育用プログラミング言語として最適
- 画像処理／データ分析／機械学習など、魅力的なサードパーティーAPIが多数存在する

1-1-5 Pythonの特徴

Pythonの魅力の1つに、**可読性の高いシンプルな文法**があります。Pythonの文法については2章以降で解説しますが、ここでは特徴を理解するために、Pythonのコードを見ていき、Pythonの特徴を理解していきましょう。

たとえば、画面に文字列を表示するには、たった1行のコードで済ませることができます。

```
print("Hello World")
```

計算結果を表示するのも簡単です。四則演算を行った結果を表示する場合、次のように直接print( )関数に埋め込むことができます。

```
print(10 * 5)
```

Pythonでは、データ型を意識する必要がありません。文字列／文字／整数／浮動小数点といったデータ型を明示的に指定しなくても、代入した値によって変数のデータ型が自動的に設定されます。

たとえば、変数「a」と「b」にそれぞれ**整数**を代入して「+」で演算したものをprint( )関数で表示させると、計算された結果が出力されます。次のコードを実行すると、「30」と出力されます。

```
a = 10
b = 20
print(a + b)
```

変数「a」と「b」にそれぞれ**文字列**を代入して「+」で演算したものをprint( )関数で表示させると、文字列が結合された結果が出力されます。

次のコードを実行すると、「今日は雨です」と出力されます。

```
a = "今日は"
b = "雨です"
print(a + b)
```

Pythonでは、分岐や繰り返し処理といったプログラムのまとまりを**ブロック**と呼びます。PerlやPHPではコードを「**{ }(波括弧)**」で囲むことでブロックを表現しますが、Pythonでは**インデント**と呼ばれる空白文字でブロックを表現します。インデントには、通常空白文字4つ分を使用します。見た目でプログラムの構造がわかりやすくなり、またコードを簡潔に書くことができます。

たとえばC言語で書かれたコードをPythonに置き換えると、簡潔に記述ができます。

・C言語の場合

```
for (int i = 0; i < 100; ++i)
{
    for (int j = 0; j < 100; ++j)
    {
        if (i * j % 10 == 0)
        {
            printf("%d %d\n", i, j);
        }
    }
}
```

・Pythonの場合

```
for i in range(100):
    for j in range(100):
        if i * j % 10 == 0:
            print "%d %d" % (i, j)
```

1-1-6 スタイルガイド PEP 8

プログラミング言語としてのPythonの開発には多くのコミュニティやメンバーが関わっています。設計の基本となるのが、**PEP**（Python Enhancement Proposal）です。PEPには、Pythonを開発する過程で開発者コミュニティ間で議論された内容がまとめられています。数多くあるPEPの中で、Pythonコードのコーディング規約に関する公式なガイドラインとして**PEP 8**があります。

「モジュール名は英小文字を使う」といった**命名規則**や、インテンドの挿入方法などの**文法**についてまとめられているため、コーディングを行う際の参考になります。

・PEP 8 -- Style Guide for Python Code
https://www.python.org/dev/peps/pep-0008/

また日本語に訳されたものも公開されています。

・PEP8 日本語版
http://pep8-ja.readthedocs.org

ただし、このガイドラインを遵守するあまり、かえってコードが読みづらくなることもあるため、現場の判断で無視することも許容されています。**一貫性にこだわりすぎるのは、狭い心の現れである**といわれるように、**Pythonの緩さや自由さ**を大事にして、ルールにこだわりすぎないようにしましょう。

Pythonのバージョン

Pythonは誕生以来20年以上使われており、何度となく大きな改変が行われています。そのためバージョン間での互換性に注意する必要があり、古いPythonのコードが新しいPython実行環境で動作しない場合もあります。

Pythonは2000年にバージョン2、2008年に**バージョン3**がリリースされています。通常古いバージョンで作ったプログラムも動作するように後方互換が図られますが、**バージョン3には後方互換がありません**。バージョン2のコードをPython3の実行環境で動作させるとエラーになるため、古いコードやライブラリーを利用する際は、**バージョン2とバージョン3の違いに注意する**ようにしてください。

なおバージョン2のメンテナンス期間は2020年1月1日で終了し、現在サポートは行われていません。サードパーティーが提供しているライブラリーも同様に、バージョン2のサポートを打ち切っているため、利用の際はバージョン3対応かどうかを確認するようにしましょう。

Pythonのバージョンとサポート終了日は**表1-1**の通りです。

表1-1 ▶ Pythonのバージョン推移とリリース・サポート状況

バージョン	リリース日	サポート終了日(予定)
2.7	2010年7月4日	2020年1月1日
3.6	2016年12月23日	2021年12月
3.7	2018年6月27日	2023年6月
3.8	2019年10月14日	2024年10月
3.9	2020年10月5日	2025年10月
3.10	2021年10月4日	2026年10月
3.11	2022年10月3日	2027年10月

1-2 主なPython実行環境／IDE

Pythonコードを実行するには、Python実行環境を導入する必要があります。また本格的なソフトウェアの開発を行うには、IDE(総合開発環境)は欠かせません。簡単なコードであればテキストエディターだけでも作成できますが、IDEを使用するとテキストエディタにはないコード補完や文法チェックなどが可能になります。またバージョン管理機能やデバック機能などの開発に役立つ機能も使用できるようになります。

1-2-1 Pythonの実行環境／IDE

Pythonの実行環境やIDEにはいくつかありますが、本節では次の実行環境やIDEについて解説します。

- OS標準のPython
- Pythonの公式バイナリー
- Pythonディストリビューション
- オンライン開発環境

また本書で解説するサンプルコードは、PythonディストリビューションのAnacondaを使って実行します。Anacondaのインストール方法については1-3で解説します。

1-2-2 OS標準のPython

OSの中には、標準でPythonがインストールされているものがあります。たとえば、macOSには、デフォルトでPython3がインストールされています。

ターミナルを起動して次のように「python -V」を実行すると、インストールされているバージョンが表示されます。

```
$ python3 -V ↵
Python 3.9.13
```
インストールされているPythonのバージョン

またUbuntuやCentOSなどのLinuxディストリビューションにおいても、標準でPythonがインストールされていたり、また簡単な方法でオンラインインストールが可能になっています。

OS標準のPythonは、たいていの場合は最新バージョンよりも古いバージョンとなります。そのため本書のサンプルコードが動作しない可能性もあります。Pythonを本格的に学習するのであれば、最新のPython実行環境やIDEをインストールして、利用するようにしましょう。

1-2-3 Pythonの公式バイナリー

Pythonソフトウェア財団(Python Software Foundation、PSF)が公開しているPythonの実行環境は、サードパーティ製のライブラリーを含まない、最もプリミティブな実装です。最新バージョンのPythonが最も早くリリースされます。そのため、他のPython実行環境や開発環境のリファレンスになっています。

WindowsやmacOS用のインストーラー付きバイナリーファイルをはじめ、ソースコードも無料で配布されています。インストーラーを使うことで簡単にインストールでき、また不要になった際のアンインストールも簡単に行えます。

公式なPythonのインストーラーを入手するには、Python公式サイト(https://www.python.org/)にアクセスし、ページ上部のメニューから「Download」をクリックして、最新のインストーラーをダウンロードします(**図1-2**、2022年11月現在、バージョン3.11.0)。

また、サポートがすでに終了した古いバージョンのPythonも入手できるため、たとえば、古いPythonコードやソフトウェアを動作させたい場合に利用することができます。

図1-2 ▶公式のPythonダウンロードページ

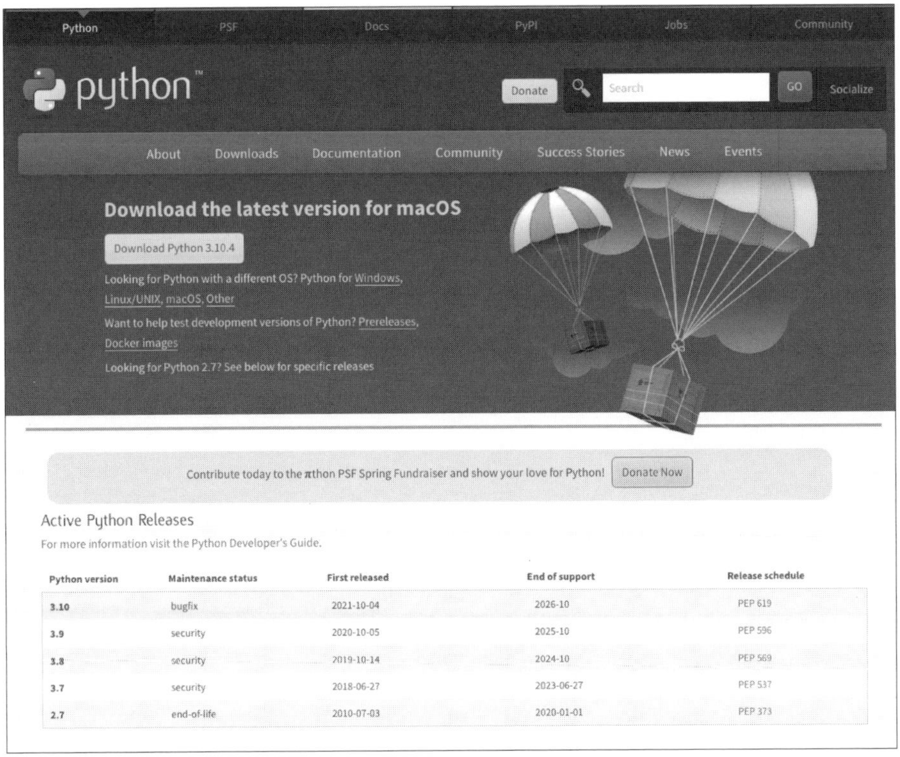

1-2-4 Pythonディストリビューション

Pythonディストリビューションとは、さまざまな用途に活用可能なPython実行環境をオールインワンにしたパッケージです。Python実行環境の他に、公式Pythonには含まれないライブラリーやGUI開発ツールなどが数多く含まれています。

Pythonディストリビューションをインストールすることで、科学技術、数学、エンジニアリング、データ分析といった分野に最適なPython実行環境やIDEが揃えることができます。またGUI開発ツールに加えてオンラインコンソールを備えているものもあります。

数あるPythonディストリビューションの中でも人気なのが、米Anaconda社が提供している**Anaconda（アナコンダ）**（https://www.anaconda.com/products/distribution）です。Python（ニシキヘビという意味）と同じヘビ類のAnacondaが名前の由来となっています。

AnacondaはPython本体に加えて、機械学習、科学技術、数学、エンジニアリング、データ分析、統計処理に利用されるライブラリーやツールを一括でインストールできます。各種ツールやライブラリーを簡単にインストールできるため、Python開発者の間で広く利用されています。

その他にもPython IDEである**Spyder**や、Web IDEである**Jupyter Notebook**などのツール類も同梱しており、これらを利用することによって開発効率の向上を図ることができます。

Anacondaは、Windows OSやmacOS用のインストーラーを無償利用できる他、商用目的での利用も可能です。

本書でもAnacondaの使用を推奨しており、1-3でインストール方法や使用方法について解説しています。

1-2-5 オンライン開発環境

オンライン開発環境とは、Webブラウザーを使ってオンライン上でPythonを利用できる環境のことです。PCへのインストール作業が不要なため、PCの管理者権限を持っていない場合や、ソフトウェアのインストールが禁止されているPCでも利用可能です。

Pythonのオンライン開発環境は、有償、無償さまざまなサービスがリリースされていますが、中には日本語入力不可だったり、コードが編集しづらくIDEとしての使い勝手が良くないものも存在します。

またサーバーの負荷やネットワーク環境によっては、コードの実行が遅くなることもあるので、本格的な開発で利用するというより、Pythonの学習やコードのテスト実行などに向いています。

代表的なオンライン開発環境として、次に紹介するPSF PythonコンソールやGoogle Cloud Platformがあります。

PSF Pythonコンソール

PSF Pythonコンソール（https://www.python.org/shell/）は、PSF（The Python Software Foundation、Pythonソフトウェア財団）が提供しているオンライン開発環境です（**図1-3**）。比較的新しいバージョンのPythonを利用できる反面、実行速度が遅いなど、本格的な開発環境として利用するには、不便な面もあります。

図1-3 ▶ PSF Pythonコンソールの画面

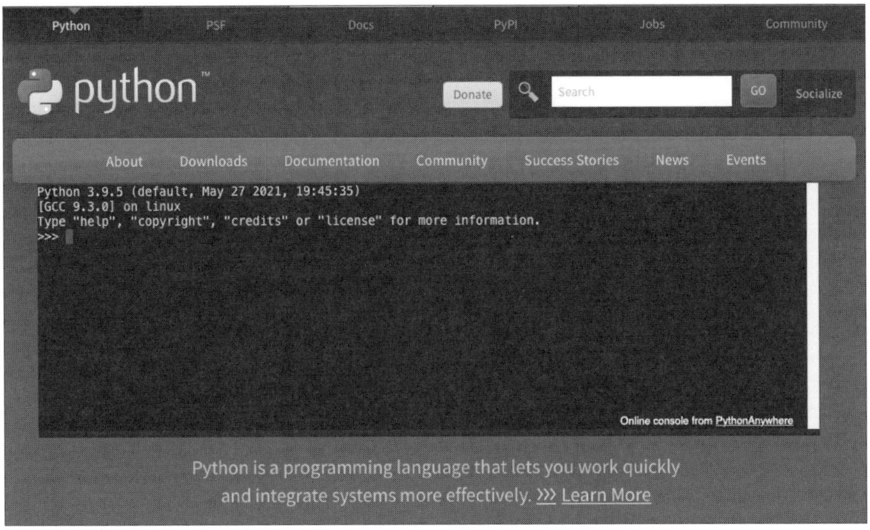

Google Cloud Platform

Google Cloud Platform（GCP）は、Google社が提供するクラウドサービスですが、Pythonの実行環境を含んだサーバーインスタンスを利用することで、Pythonの実行環境を用意することができます（**図1-4**）。Python実行環境の他、機械学習やデータ分析をはじめとする、数多くのライブラリーがインストールされています。

図1-4 ▶ Google Cloud PlatformのCloud Shell画面

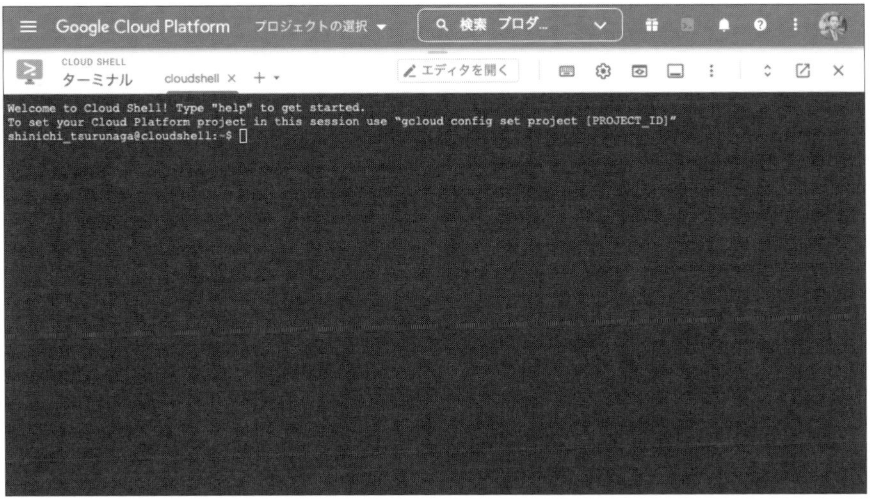

GCPを利用するには、Webブラウザーで「https://cloud.google.com/?hl=ja」と入力してアクセスします。はじめて利用する場合は、ユーザー登録を行う必要があります。すでにGmailなどのGoogleサービスを利用している場合は、そのアカウントで登録することができます。なお、GCPは従量課金制ですが、無料トライアルの枠が用意されており、それを使ってお試しで使うことが可能です。

「コンソール」を開いたら、画面右上の「Cloud Shellをアクティブにする」アイコンをクリックします。すると画面の下にコンソールが表示され、コマンドを入力できるようになります。

Pythonインタープリターを起動するには、「$ python」と入力します。日本語入力／表示にも対応しています。またPythonインタープリターだけではなく、Debianベースの Linux仮想マシーンを利用できるため、シェルや外部コマンドの連携が可能な他、コードの編集にviやemacsといったUNIX系テキストエディターを利用することができます。

1-3 Anacondaの導入と利用方法

Pythonの学習を始める前に実行環境や開発環境を用意していきましょう。本書では、サンプルコードの実行にAnacondaの使用を推奨しています。Windowsや macOS上でAnacondaを使えるようにするためのインストール手順について解説します。

1-3-1 Anacondaとは

Anaconda(アナコンダ)は、米Anaconda社が無償提供しているPythonディストリビューションです。Pythonインタープリターとともに、機械学習／科学技術／数学／データ分析などに利用できるライブラリーやツールを多数含んでいます。

また**Jupyter Notebook**と呼ばれるWebブラウザーベースのIDEを利用すると、Pythonプログラムの記述や実行を行うことができます。プログラムとその実行結果やメモの作成／確認、グラフ画像のインライン表示などが可能で大変便利なツールです。

Anacondaをインストールすると、Pythonとともに次に挙げるツール群が利用可能になります。

Anaconda Navigator

Anaconda Navigatorは、Anacondaでインストールした開発ツールを起動するためのランチャーソフトウェアです。Python実行環境やインストール済みツールの更新、追加ツールのインストール、Python仮想環境の作成などをGUI上で実行できます。

Jupyter Notebook

Jupyter Notebookは、WebブラウザーベースのPython開発環境です。Webブラウザー上でPythonプログラムを実行したり、その実行結果を「ノート」として保存することができます。

JupyterLab

JupyterLabは、WebベースのPython統合開発環境(IDE)です。Jupyter Notebookを拡張し、ファイルブラウザー、テキストエディター、コンソールなどを統合しています。タブでノートの切替えが可能になるなど、Jupyter Notebookに比べると機能が豊富なツールです。

QtConsole

QtConsoleは、対話型のPython実行環境です。フォントの種類や色を変更したり、インラインでグラフを描画することも可能です。

Spyder

Spyderは、科学技術計算の用途で開発された統合開発環境です。シンタックスハイライトや自動補完機能を持ったエディターに加えて、デバッガ／対話型実行機能などが統合されています。

Orange

Orangeは、データマイニングツールです。デフォルトではインストールされないため、追加でインストールする必要があります。データの視覚化やAI／機械学習に便利なビジュアルプログラミング環境です。

RStudio（要追加インストール）

RStudioは、統計解析向けのプログラミング言語Rの統合開発環境です。デフォルトではインストールされないため、追加でインストールする必要があります。直接コードを実行できる他、構文強調に対応したエディター、グラフ描画、履歴管理、デバッグ、コンソールなどのツールが含まれています。

1-3-2 Anacondaのインストール（Windows）

ここでは、Windows 11にAnacondaをインストールする手順について解説します。執筆時点の最新バージョン（Anaconda3-2022.05）をもとにしているため、新しいバージョンでは一部手順が異なる場合があるため注意してください。最新版については、公式のインストールマニュアル（https://docs.anaconda.com/anaconda/install/windows/）を参考にしてください。

インストール手順

①https://www.anaconda.com/distribution/ にアクセスして、インストーラー（約600Mバイト、Anaconda3-xxxx.xx-Windows-x86_64.exe）をダウンロードします。ダウンロードが完了し

Coffee Break　Windows 10で32ビット版か64ビット版か確認する

使用しているWindows 10が32ビット版か64ビット版か調べるには、スタートメニューの歯車アイコンをクリックし、「Windows の設定」を開いたら「システム」をクリックして画面を切り替え、左メニューの下の方にある「詳細情報」をクリックします。Windows に関するバージョンなどが一覧表示されるため、その中の「システムの種類」から32 ビットか64 ビットか確認します（**図1-5**）。

図1-5 ▶ Windows 32ビット版か64ビット版か調べる（図は32ビットの例）

たら、インストーラーをダブルクリックして実行します。古いPCでは32ビット版のインストーラーを使用する必要がある可能性があります。すでに32ビット版の提供は終了しています。推奨されませんが、古いバージョンのAnacondaを使うことで32ビット環境にインストールできます。それには、アーカイブページ(https://repo.anaconda.com/archive/)にアクセスして「Anaconda3-2022.05-Windows-x86.exe」をダウンロードします。

②インストーラーを実行すると、「Welcome...」画面が開きます(**図1-6**)。右下の「Next >」ボタンをクリックして次の画面に進みます。

図1-6 ▶ Welcome画面

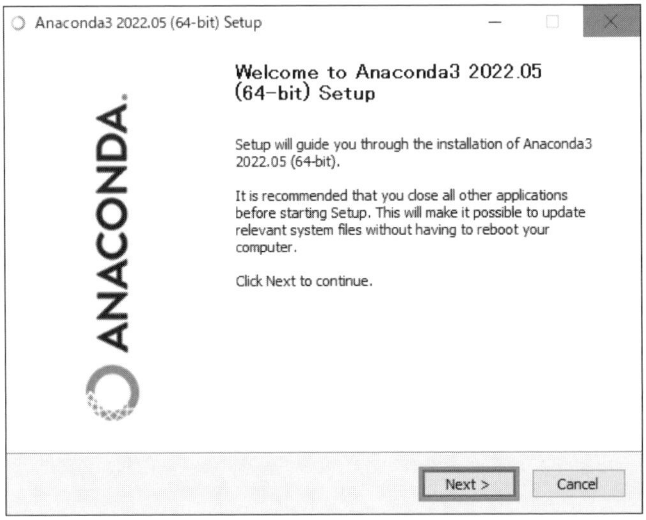

③「License Agreement」画面が表示されたら、ライセンスを一通り確認し、「I Agree」ボタンをクリックします(**図1-7**)。

図1-7 ▶ライセンス確認画面

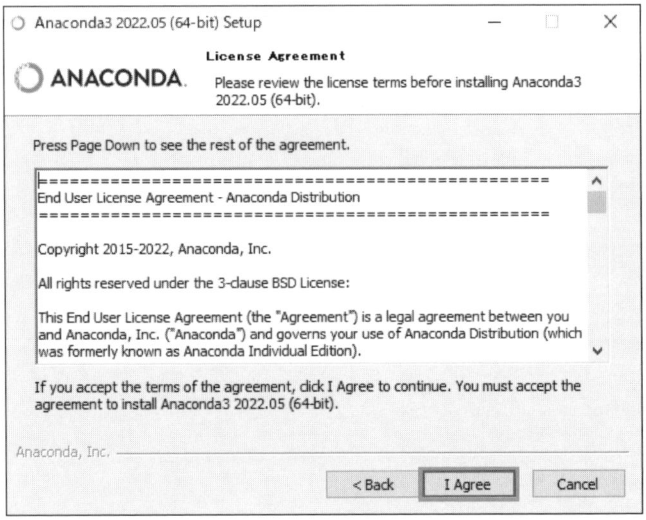

④インストール方式を選択します(**図1-8**)。ユーザーとしてインストールする場合は「Just Me」を、インストールしたユーザー以外でもAnacondaを使用できるようにするには、「All Users」を選択します(管理者権限が必要)。推奨は「Just Me」です。「Just Me」を選択すると、デフォルトではユーザーフォルダーにAnacondaがインストールされます。なお、「Just Me」を選択した場合、**ユーザー名に漢字やひらがななど非ASCII文字を使用していたり、ユーザー名にスペース文字が含まれているとAnacondaがインストールできない**ので注意してください。インストール方式を選択したら、右下の「Next >」ボタンをクリックして次の画面に進みます。

図1-8 ▶インストール方式の選択

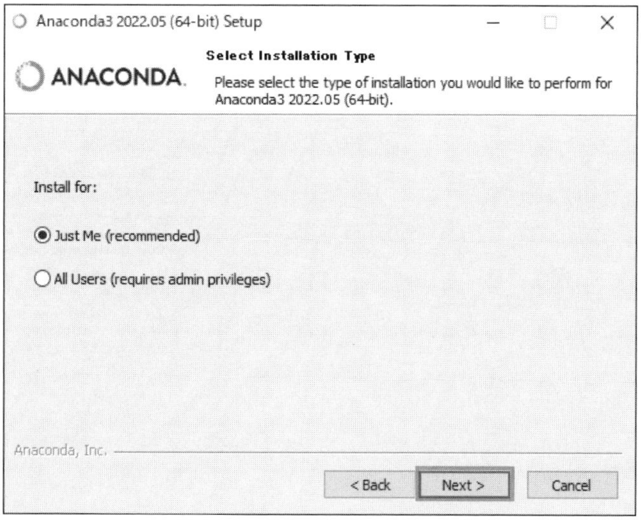

⑤インストール先を入力します(**図1-9**)。特別な理由がない限りデフォルトのままにします。インストール先を確認したら「Next >」ボタンをクリックして次の画面に進みます。

図1-9 ▶インストール先の選択

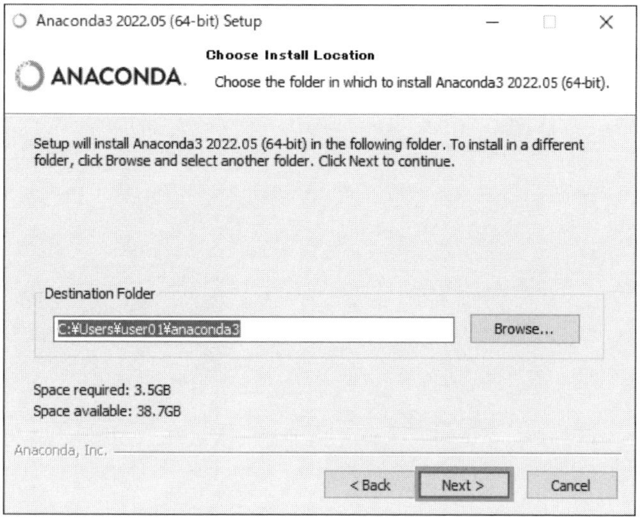

⑥インストールオプションの選択画面では、「Register Anaconda as the system Python …略…」がチェックされているのを確認し、「Install」ボタンをクリックするとインストールが開始します(**図1-10**)。

図1-10 ▶ インストールオプションの選択画面

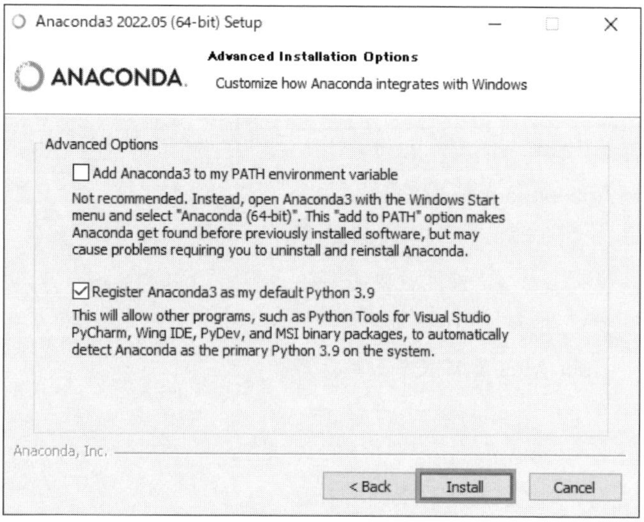

⑦インストールが完了したら「Next >」ボタンをクリックして次の画面に進みます(**図1-11**)。

図1-11 ▶ インストール完了画面

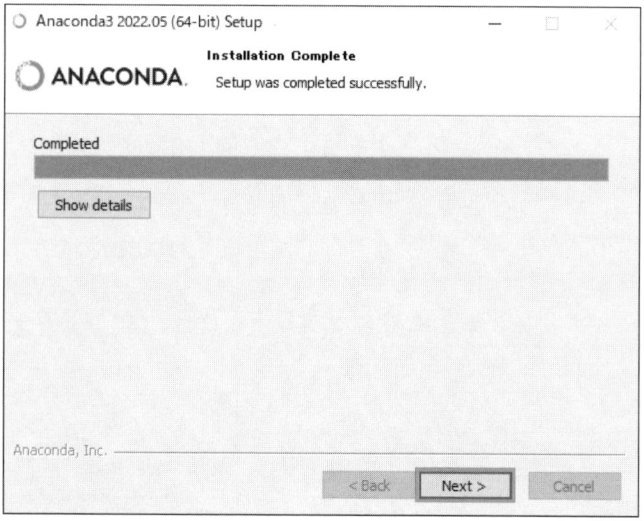

⑧Anacondaに関する追加情報が表示されたら、「Next >」ボタンをクリックして次の画面に進みます（**図1-12**）。

図1-12 ▶ Anacondaに関する追加情報画面

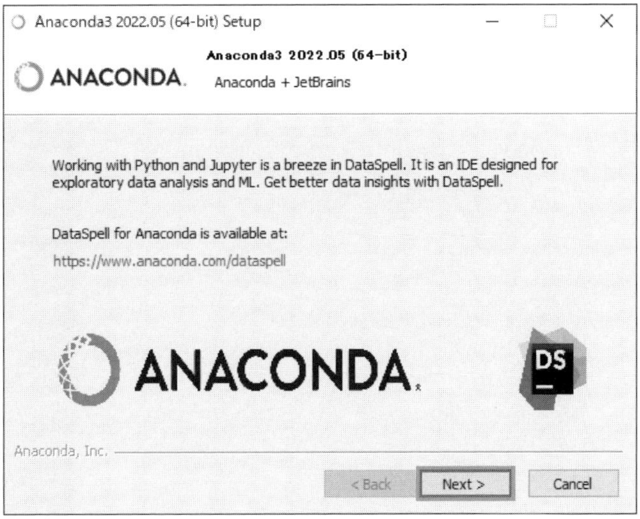

⑨すべてのインストール作業が完了したら、チェックされている項目のチェックを外し、「Finish」ボタンをクリックしてインストーラーを終了します（**図1-13**）。

図1-13 ▶ すべてのインストールが完了したことを示す画面

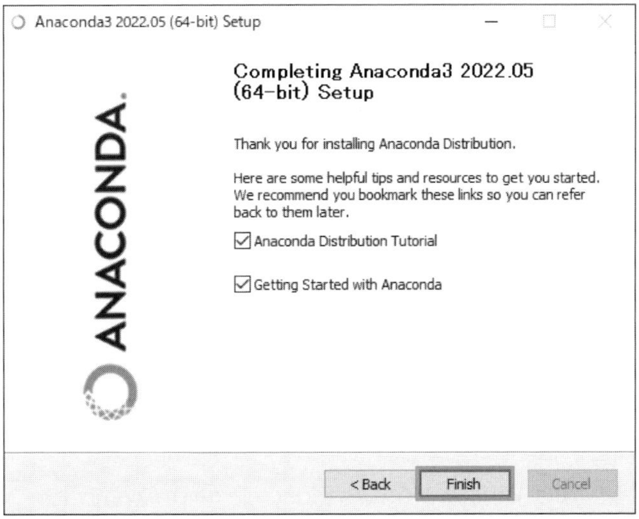

インストールが完了したら、Anacondaの動作を確認します。Windowsの「スタート」ボタンをクリックし、「すべてのアプリ」をクリックします。メニューのアプリ一覧から「Anaconda3」-「Anaconda Prompt(anaconda3)」とクリックします(**図1-14**)。

図1-14 ▶ スタートメニューのアプリ一覧から起動

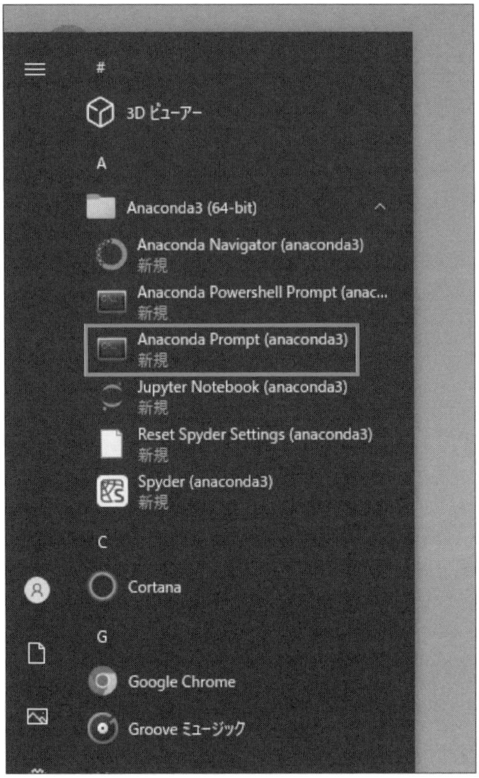

コマンドプロンプトが起動したら、「python」と入力してPythonインタープリターを使えるようにします。Pythonのバージョンとプロンプトとして「>>>」が表示されていれば確認完了です(**図1-15**)。

Pythonインタープリターを終了するには、Ctrl + Z を同時に入力し、続けて Enter を押します。

図1-15 ▶ WindowsでのAnaconda Promptの動作確認

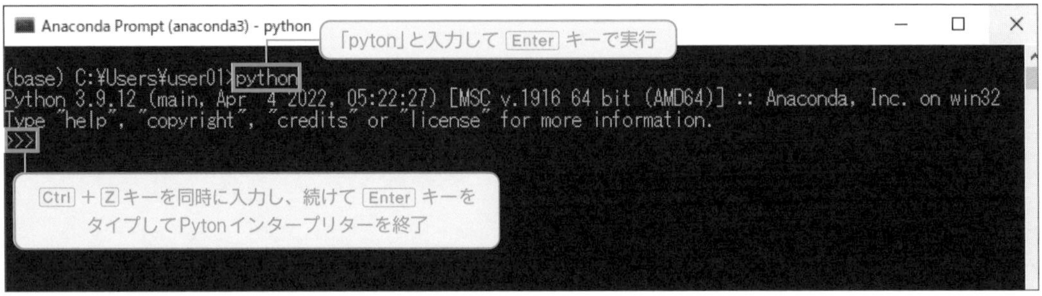

1-3-3 Anacondaのインストール(macOS)

ここでは、macOSにAnacondaをインストールする手順について解説します。執筆時点の最新バージョン(Anaconda3-2022.05)をもとにしているため、新しいバージョンでは一部手順が異なる場合があるため注意してください。最新版については、公式のインストールマニュアル(https://docs.anaconda.com/anaconda/install/mac-os/)を参考にしてください。

インストール手順

①macOSにAnacondaをインストールするには、ダウンロードサイト(https://www.anaconda.com/distribution/)にアクセスして、インストーラー(約600MB、Anaconda3-xxxx.xx-MacOSX-x86_64)をダウンロードします。ダウンロードが完了したら、インストーラーをダブルクリックして実行します。

②「このパッケージは、ソフトウエアをインストールできるかを判断するプログラムを実行します。」と表示されたら、「許可」ボタンをクリックします(**図1-16**)。

図1-16 ▶ プログラム実行の許可

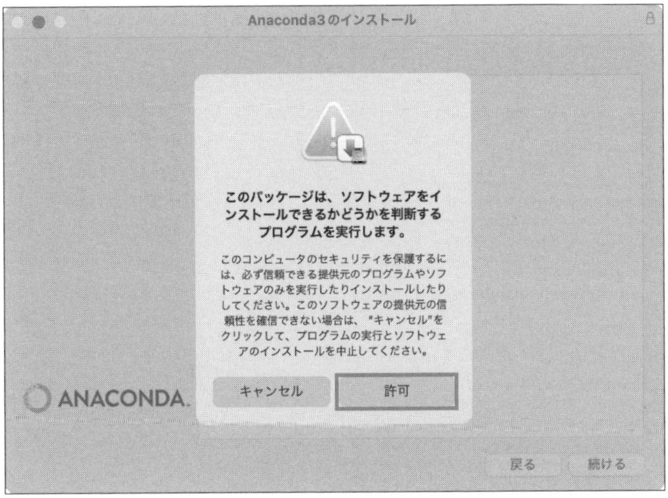

③「ようこそAnaconda3インストーラーへ」画面が開いたら、右下の「続ける」ボタンをクリックして次の画面に進みます(**図1-17**)。

図1-17 ▶ ようこそAnaconda3インストーラーへ

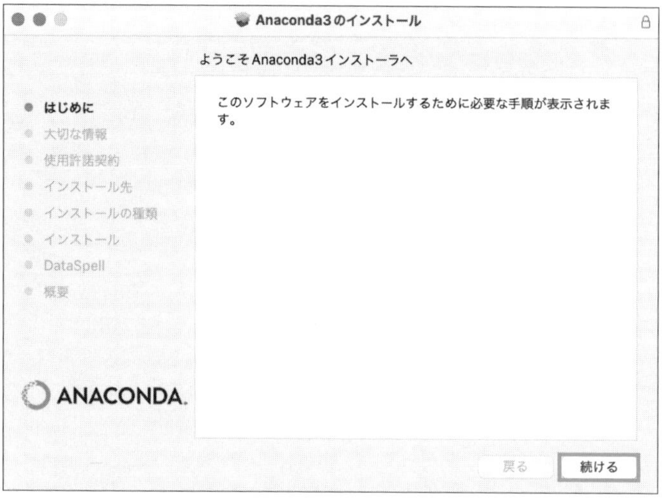

④「大切な情報」画面が表示されたら、インストールに関する注意を一通り確認し、「続ける」ボタンをクリックします(**図1-18**)。

図1-18 ▶ 大切な情報

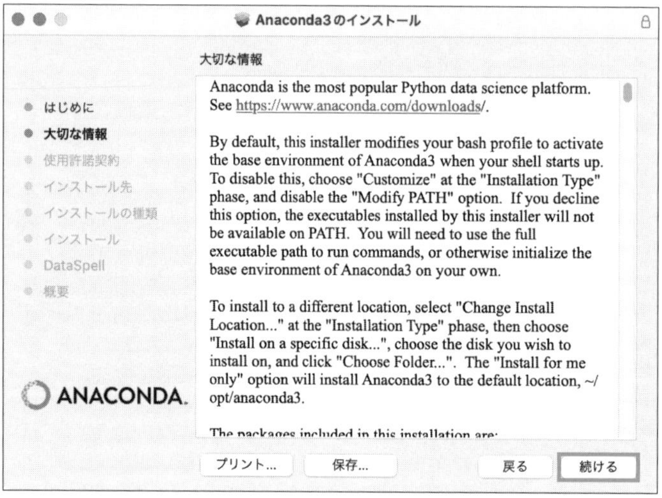

⑤「使用許諾契約」画面が表示されたら、ライセンスを一通り確認し「続ける」ボタンをクリックします(**図1-19**)。

図1-19▶使用許諾契約

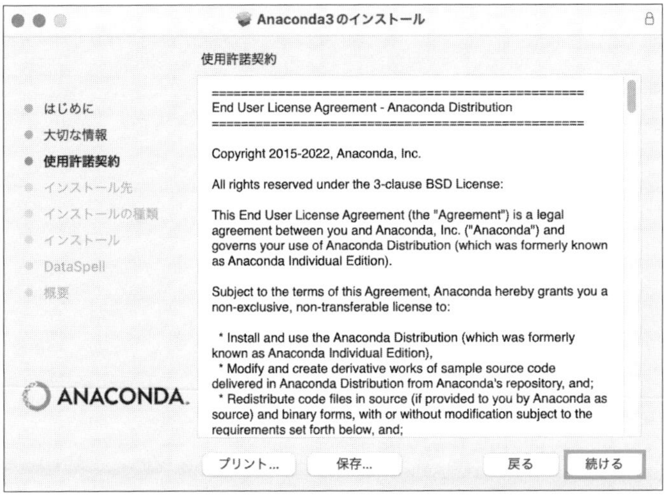

⑥「このソフトウェアのインストールを続けるには、ソフトウェア使用許諾契約の条件に同意する必要があります。」と表示されたら、「同意する」ボタンをクリックします(**図1-20**)。画面はmacOS 12.4のものになるため、他のバージョンでは表示されるメッセージが異なる場合があります。

図1-20▶ソフトウェア使用許諾契約に同意する

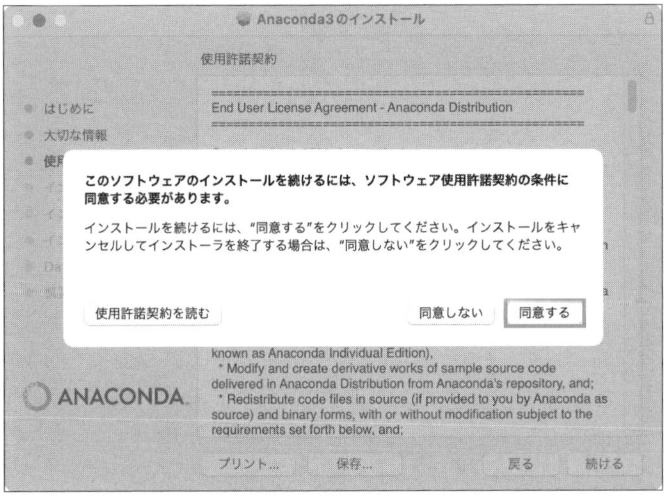

⑦インストール先を選択します(**図1-21**)。デフォルトは「自分専用にインストール」になります。この場合ユーザーホームフォルダー内に「opt」フォルダー作成され、Python実行環境がインストールされます。特別な理由がない限りデフォルトのままにし、右下の「続ける」ボタンをクリックして次の画面に進みます。

図1-21 ▶インストール先を選択

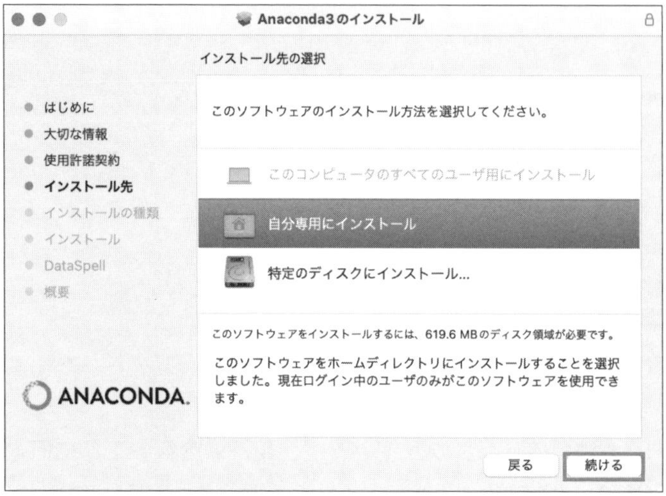

⑧「インストールの種類」が表示されたら、必要な領域サイズを確認して「インストール」ボタンをクリックします(**図1-22**)。

図1-22 ▶インストールの種類

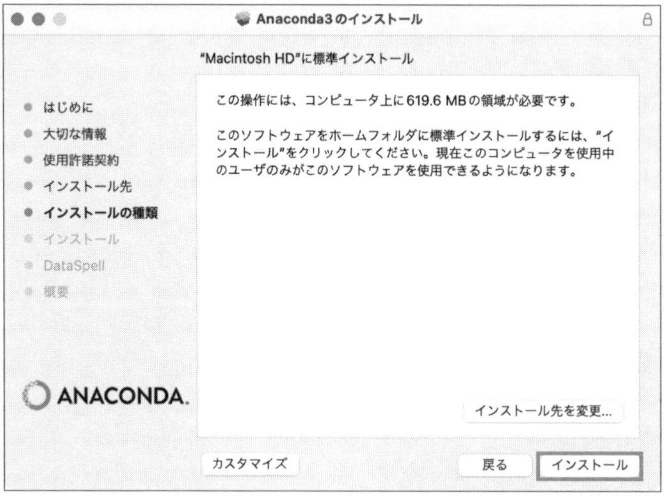

⑨インストールが開始されたら数分から10分程度完了するのを待ちます。途中、セキュリティとプライバシーに関する警告が表示されたら内容を確認し、「OK」ボタンをクリックして警告を閉じます。完了するとAnacondaに関する追加情報が表示されるため、「続ける」ボタンをクリックして次の画面に進みます(**図1-23**)。

図1-23 ▶ Anaconda + JetBrains

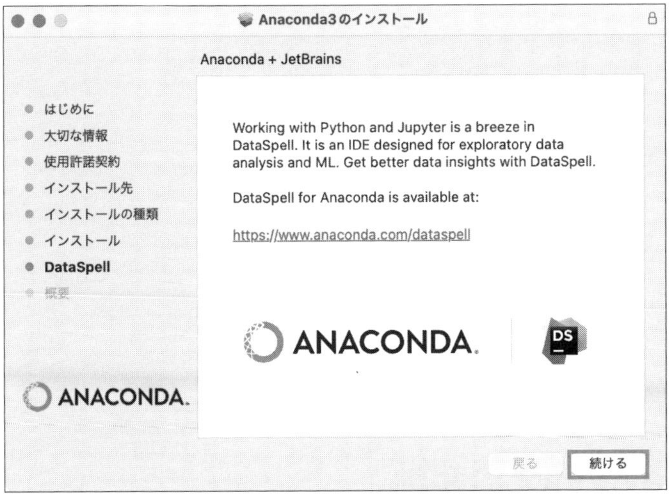

⑩「インストールが完了しました。」と表示さたら、「閉じる」ボタンをクリックしてインストーラーを終了します(**図1-24**)。

図1-24 ▶ インストールの完了

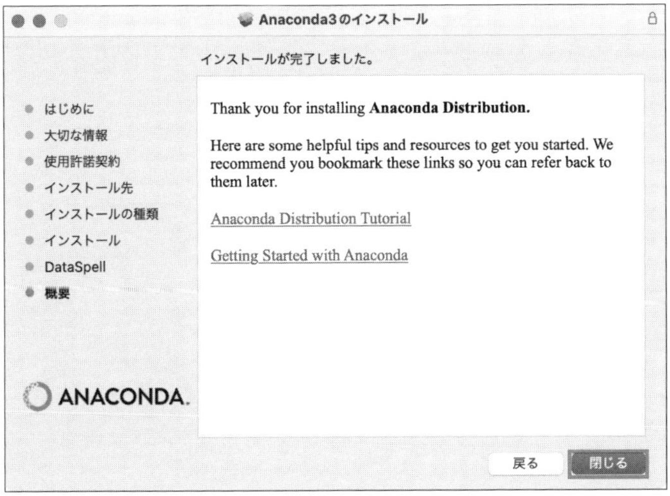

ターミナルの起動

インストールが完了したら、「ターミナル」を開いて動作を確認します(**図1-25**)。アプリケーションランチャーから「ユーティリティ」-「ターミナル」の順にクリックします。

ターミナル画面が開くと、プロンプトの頭に「(base)」が付いているのが確認できます。プロンプトに続けて「python」と入力し、プロンプトが「>>>」に変わるのを確認してください。Pythonインタープリターを終了するには、Ctrl + Dを同時に入力します。

図1-25 ▶ macOSでターミナルを起動して動作を確認

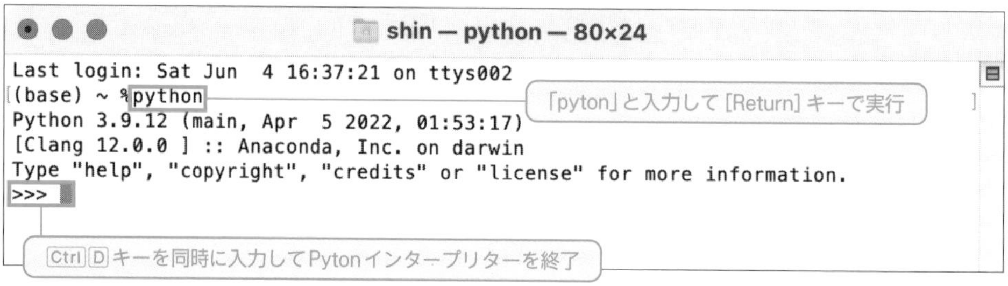

1-3-4 Anaconda Navigatorの起動

Anacondaに含まれる開発ツールを実行するには、ランチャーソフトウェアの**Anaconda Navigator**を利用します(**図1-26**)。

Anaconda Navigatorを開くには、Windowsの場合は、「スタート」ー「すべてのアプリ」をクリックし、メニューのアプリ一覧から「Anaconda3(64bit)」ー「Anaconda Navigator(anaconda3)」をクリックします。macOSの場合は、アプリケーションランチャーから起動することが可能です。

図1-26 ▶ Anaconda Navigator

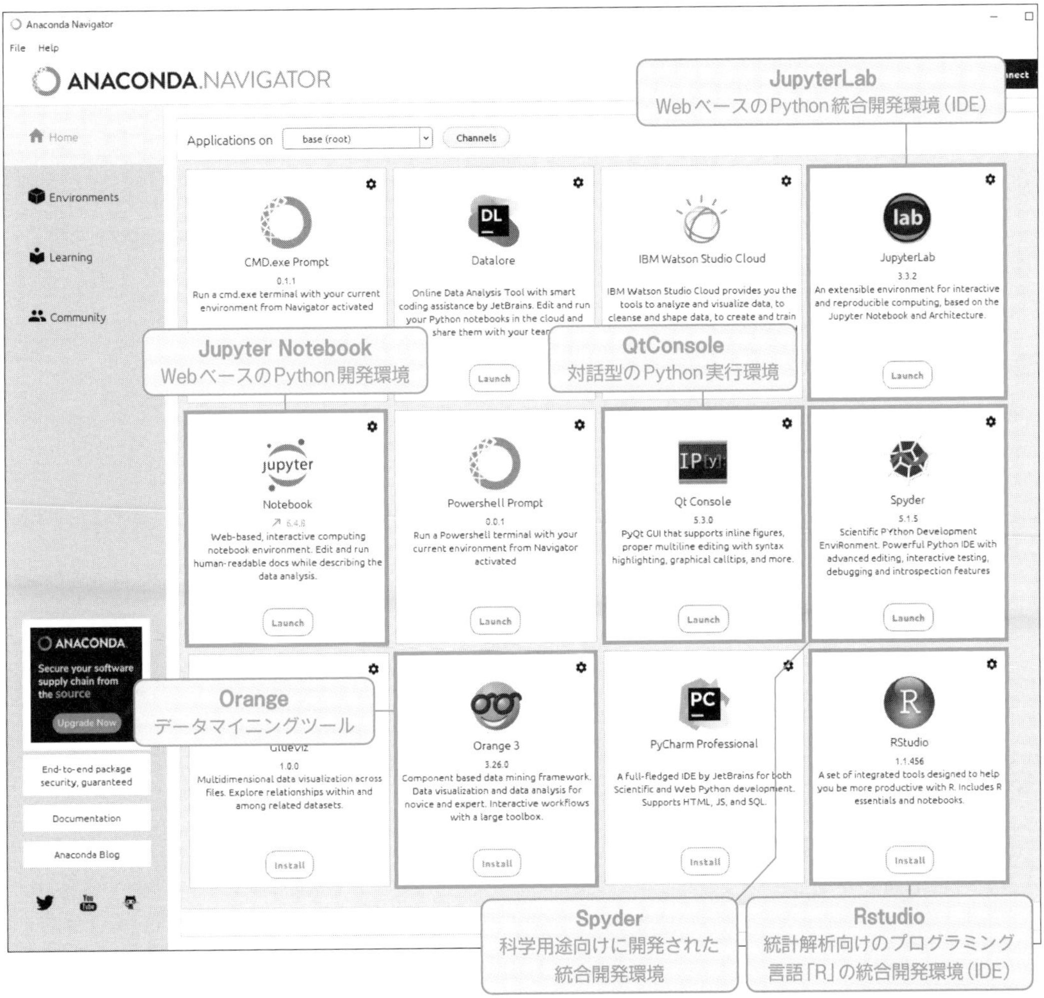

OSによって一覧表示される使用可能なツールが異なります。さらにWindowsでは**Anaconda Prompt**と**Anaconda PowerShell**をスタートメニューから起動できます。

各ツールを起動するには、ツール解説文の下にある「Launch」ボタンをクリックします。ツールのうち、本書でよく利用するのがQtConsoleとJupyter Notebookです。この2つの操作方法について解説します。

1-3-5 QtConsoleの利用

QtConsoleは、対話的にPythonを実行するためのシェルです。コマンドプロンプトでインタープリターを実行するのに比べて、コードハイライト機能やコード補完機能などの支援機能が使えるため、開発効率が良くなります。

Anaconda NavigatorからQtConsoleを起動するとコンソールが起動します(**図1-27**)。「In [1]」とプロンプトが表示されたら、Pythonコードの入力が可能です。

図1-27 ▶ QtConsole

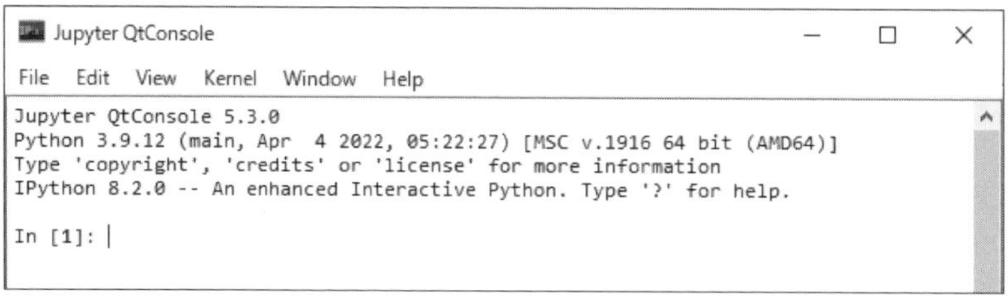

試しに「p」とタイプして[Tab]を押してみましょう。するとpではじまる関数やマジックファンクションが表示されます。

QtConsoleが備えている主な拡張機能は次の通りです。実際に使ってみましょう。

- [Tab]でコードや関数名を補完できる
- [↑]や[↑]で履歴を表示できる
- 「!」に続けてOSコマンドを入力できる
- 「%」に続けてマジックファンクションを入力できる
- 変数名に「?」を付けることで変数の内容を表示できる

「%」や「%%」ではじまるマジックファンクションを使うと、コーディングやデバック作業が楽になります。たとえば、実行時間を計測したい場合は「%time」を使用します。なお、QtConsoleでは、行頭が「In [1]:」のように表示されますが、本書内ではプロンプトを「>」に統一しています。

```
> %time print("hello") ↵
hello
CPU times: user 170 µs, sys: 108 µs, total: 278 µs
```

```
04  Wall time: 213 µs
```

履歴表示の「%hist」、全変数の中身を表示する「%whos」など、便利な機能が多数搭載されています。使い方に迷ったら「%quickref」を実行して利用方法を確認することができます。

1-3-6 Jupyter Notebookの利用

Jupyter NotebookはWebブラウザー上でPythonインタープリターを利用できる開発支援ツールです。Pythonコードの入力や支援、実行とその結果の表示が可能です。またPythonコードと実行結果を「ノートブック」と呼ばれる形式で記録することができます。

QtConsoleと同じように、コードハイライト機能や、コード補完機能といった支援機能が使えるため、開発効率が良く、Webブラウザー上で実行できるため、グラフを表示するようなビジュアル化に対応しているのが特徴です。

Anaconda NavigatorからJupyter Notebookを起動すると、Webブラウザーが起動しファイル一覧が表示されます。バックエンドでサーバープログラムが起動しています。

Pythonコードを入力できるよう、最初に新規ノートブックを作成します。画面右上の「New」(または「新規」)をクリックし、メニューが表示されたら「Python3」を選択します(**図1-28**)。

図1-28▶ノートブックの新規作成

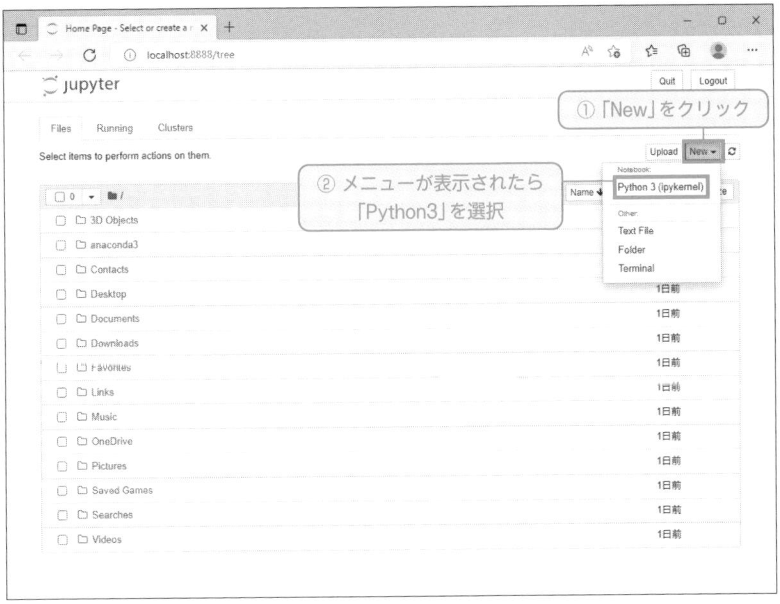

Webブラウザーの新規タブが開き、「In [ ]:」と「セル」と呼ばれるテキストフィールドが表示されます。Pythonコードはセルに入力します(**図1-29**)。

図1-29 ▶ セルにPythonコードを入力して実行する

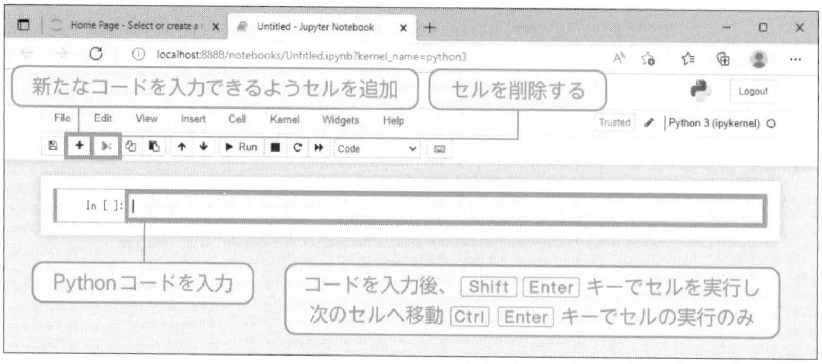

試しに「print("Hello World")」と入力しましょう。実行するには、ボタンメニュー上の「run cell,...」をクリックするか、Ctrl と Enter を同時に入力します。実行結果はセルの下に表示されます。

メモが記述するには、ボタンメニュー横の「code」メニューをクリックし、「Markdown」を選択します。Markdownと呼ばれる文章を記述することで、メモとして入力できるようになります。

新たなコードを入力できるようにセルを追加するには、「+」ボタン、削除するには「はさみ」ボタンをクリックします。

試しにグラフを描画してみましょう。セルを新規に作成し、次のようにコードを入力します。最後に Ctrl + Enter を入力して実行します(**図1-30**)。

```
%matplotlib inline
import matplotlib.pyplot as plt
import numpy as np
x = np.linspace(0, 10, 100)
y  = np.sin(x)
plt.plot(x, y)
```

図1-30 ▶ グラフの描画

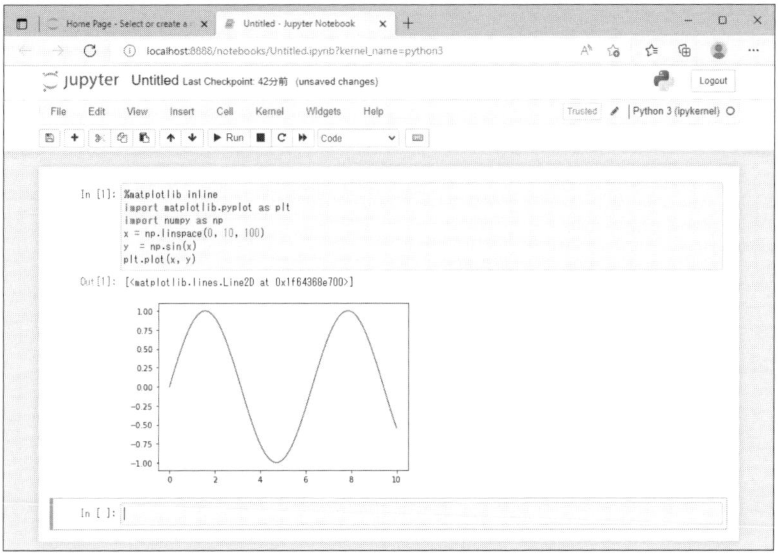

Webブラウザーを閉じてもJupyter Notebookを終了したことにはならず、バックエンドのサーバープログラムが起動したままになります。この状態でAnconda NavigatorからJupyter Notebookを再度起動すると、サーバープログラムが多重起動することになります。

Jupyter Notebookを終了するには、「File」(または「ファイル」)メニューから「Close and Halt」(または「閉じて終了」)を選択します。Jupyter Notebookを起動した時に表示された画面に戻ったら、右上の「Quit」(または「終了」)ボタンをクリックします(**図1-31**)。

図1-31 ▶ Jupyter Notebookの終了

1-3-7 Anacondaのアップデート

AnacondaやAnacondaに含まれる各パッケージはひんぱんに更新されます。Anaconda Navigatorのように、起動時にアップデートの実行を確認するパッケージもありますが、すべてがそのように表示されるわけではないので、定期的に手動アップデートを行うようにしましょう。

Windowsの場合は「Anaconda Prompt(anaconda3)」、macOSの場合は「ターミナル」を開いて、次のようにコマンドを入力すると、アップデートを実行します。なお、デフォルトのインストール先を変更している場合は、管理者権限が必要になることがあります。

```
> conda update anaconda ↵
Collecting package metadata (current_repodata.json): done
Solving environment: done
省略

Proceed ([y]/n)?  Yを入力してEnter
```

Anacondaに含まれる関連パッケージをアップデートするには、次のように入力して実行します。先ほどとほぼ同じような表示となりますが、アップデート対象のパッケージが一覧表示され、「y」を入力するとアップデートが実行されます。

```
> conda update --all ↵
Collecting package metadata (current_repodata.json): done
Solving environment: done
省略

Proceed ([y]/n)?  Yを入力してEnter
```

CHAPTER 2

基本編

Python プログラミングの基礎

本章では、Pythonプログラミングの基本的な技術を習得していきます。前半では、整数、実数、文字列など、Pythonの基本変数を習得します。後半では条件判定や繰り返しなどの処理について習得し、簡単なコードを書けるようにします。

2-1 基本変数（数値／四則演算）

ここでは、整数、実数、文字列など、サンプルコードを実行しながら、Pythonの基本変数を習得していきます。

2-1-1 学習の前に

本格的なコードを書く前に、Pythonインタープリターを使って、Pythonの基本を学習します。本章では、対話形式でコードを実行していきます。QtConsole（1-3-5参照）、Jupyter Notebook（1-3-6参照）のいずれかを起動し、対話形式でコードを入力できるようにします（**図2-1**）。

Jupyter Notebookの場合、「In [1]」とプロンプトが表示されたら、Pythonコードを入力して実行します。なお、**本書ではプロンプトを「>>>」という表記で統一**しています。

図2-1 ▶ Jupyter Notebook画面

またWindowsの場合は「Anaconda Prompt(anaconda3)」、macOSの場合はターミナルを使ってサンプルコードを実行することもできます。

コマンドプロンプトやターミナルで「python」と入力すると、Pythonインタープリターを利用可能になります。「>>>」プロンプトに続けてPythonコードを入力して実行します。

```
> python ↵
Python 3.10.8 (tags/v3.10.8:aaaf517, Oct 11 2022, 16:50:30) [MSC
v.1933 64 bit (AMD64)] on win32
Type "help", "copyright", "credits" or "license" for more
information.
>>> Pythonコードを入力して実行
```


2-1-2 基本的なデータ型

Pythonは、変数のデータ型を明示的に指定する必要がない**動的型付け言語**です。つまり、変数を使用する際にデータ型を意識する必要はありません。ここでは、データ型の基本として数値型と文字列型について解説していきます。

数値型

数値型は、演算子を使った計算や比較などが可能です。数値型にあたるデータ型として、整数だけを扱える**整数型(int型)**、小数点を含む数を扱える**浮動小数点型(float型)**、複素数を扱える**複素数型(complex型)**があります。

表2-1 ▶数値型

データ型	意味	例
int	整数	-2, -1, 0, 1, 2, 3
float	浮動小数点数	-1.234, 1.2e3 , 1.2E-3
complex	複素数	1j、1+2j、3-1j

文字列型

文字列型は、str型とも呼ばれる文字列を扱うためのデータ型です。演算子を使った計算や比較が可能です。また、**メソッド**を使って、文字列に対する操作を行うことができます。

Pythonの文字列型は、複数の文字を集めたデータとして定義されています。**インデックス**(要素の番号)や**スライス**(要素の範囲を指定すること)を使って、文字や部分文字列を取り出すことができます。

2-1-3 変数の定義

Pythonで変数を定義するには、**変数名にデータを代入**するだけです。他のプログラミング言語で必要となる「int i = 0」など、事前の型宣言を行う必要はありません。

```
変数名 = データ
```

変数を用いる場合、次の点に注意するようにしましょう。

- **変数にデータを代入するには、変数とデータを「=(イコール)」で結ぶ**
- **変数名には、アルファベットと数字の他に記号「_(アンダースコア)」を挿入することもできる**
- **変数名の1文字目は英小文字か「_」である必要がある**
- **変数名の長さに制限はない**
- **変数名のアルファベットは大文字・小文字で区別される**
- **変数名に予約語(and、for、if、orなど)は使用できない**
- **Python3以降では、日本語(UTF-8)の変数名も使用可能**

それでは、変数を定義して計算してみましょう。数値の入った変数は、数値と同じように扱うことができます。よって変数どうしで計算したり、数値と計算したりすることが可能になります。インタープリターを起動して、次のように実行してみると、計算できていることが確認できます。

```
>>> a = 12 ↵
>>> b = 13 ↵
>>> a + b ↵
25
>>> (a * b ) / 3 ↵
52.0
```

変数の中身を確認したい場合は、変数名だけを入力します。

```
>>> a ↵
```

```
12
```

変数同士の計算結果を新たな変数に代入することもできます。

```
>>> c = b - a ↵
>>> c ↵
1
```


2-1-4 数値型

インタープリターでは式を入力すると、その結果が即座に表示されます。そのため簡易電卓として使うことができます。**演算子**には他のプログラミング言語と同じように、+、-、*、/ などが利用可能です（**表2-2**）。

四則演算は、一般的な計算と同じように優先順位があり、* や / が優先されますが、丸括弧（ ）を使うことで、計算の優先度を変えることができます。

たとえば次のようにコードを入力し、結果を表示させてみましょう。

表2-2 ▶ Pythonで利用可能な演算子

演算子	意味	例
+	足し算	5 + 1
-	引き算	8 - 3
*	掛け算	3 * 5
/	割り算	8 / 4
//	割り算（小数点以下切り捨て）	7 / 3
%	剰余（余りを求める）	8 % 5
**	累乗	5 ** 3

```
>>> 2 + 2 ↵
4
>>> 50 - 5*6 ↵
20
>>> (50 - 5*6) / 4 ↵
5.0
>>> 8 / 5 ↵
1.6
```

整数型(int型)と浮動小数点型(float型)を計算させると、浮動小数点型に変換されます。

```
>>> 1 + 2.5 ↵
3.5
```

2-1-5 文字列型

Pythonで文字列を定義するには、「" "(ダブルクォーテーション)」、または「' '(シングルクォーテーション)」といった引用符を使って囲みます。

引用符は必ずペアになるため、閉じ忘れがないように注意しましょう。なおPythonに文字型(他言語におけるChar型など)は存在していません。Pythonでは、長さ1の文字列として扱います。

「\(バックスラッシュ)」は、引用符や特殊文字をエスケープする際に使用します。この際のエスケープとは、特殊な意味を無効にする効果を意味しています。引用符を使えば、「' '」も「" "」も、結果は同じ文字列となりますが、「' '」引用符で囲われた個所では内部に「"」があった場合でもエスケープする必要はありません。また同様に「" "」の引用符で囲われた個所では、内部の「'」をエスケープする必要はありません。

インタープリターを起動して、次のように文字列の定義を実行して確認してみましょう。

```
>>> 'monty python' ↵
'monty python'
>>> 'doesn\'t' ↵          「'」をエスケープ
"doesn't"
>>> "doesn't" ↵           「" "」引用符で囲われた場合「'」をエスケープする必要がない
"doesn't"
>>> "\"Yes,\" he said." ↵ 「"」をエスケープ
'"Yes," he said.'
>>> '"Yes," he said.' ↵   「' '」引用符で囲われた場合「"」をエスケープする必要がない
'"Yes," he said.'
>>> '"Isn\'t," she said.' ↵
  「' '」引用符で囲われた場合「"」をエスケープする必要はないが「'」をエスケープする必要がある
'"Isn\'t," she said.'
```

複数行にまたがって文字列を定義する場合は、行末に「\（バックスラッシュ）」を用いるか、三連引用符「""" """（ダブルクォーテーション3つ）」または「''' '''（シングルクォーテーション3つ）」を用います。それぞれの挙動の違いを実際に入力して確かめましょう。


```
>>> """Python ↵
... 入門講座""" ↵
'Python\n入門講座'
>>> '''Python ↵
... 入門講座''' ↵
'Python\n入門講座'
>>> 'Python\ ↵
... 入門講座' ↵
'Python入門講座'
```

2-1-6 文字列の基本操作

ここでは、文字列型をより理解するために、基本的な文字列の操作について学んでいきましょう。

文字列の代入

文字列を変数に代入するには、次のように記述します。

```
変数名 = "文字列"（または'文字列'）
```

文字列を定義して変数に代入し、変数の中身を確認してみましょう。

```
>>> foo = "Python入門講座" ↵
>>> foo ↵
'Python入門講座'
```

文字列の連結

文字列を連結するには、「+」演算子を使用します。

```
"文字列1" + "文字列2"
```

次の例では、「Python入門講座」と「第2回」という文字列を変数に代入して連結しています。

```
>>> foo = "Python入門講座" ↵
>>> bar = "第2回" ↵
>>> foo + bar ↵
'Python入門講座第2回'
```

文字列の繰り返し

文字列を繰り返すには「*(アスタリスク)」演算子を使用します。

```
"文字列1" * 回数
```

「*」のあとに指定された回数分、文字列が繰り返し表示されます。また「+」で文字連結を同時に行ったり、「()」で演算の優先順位を変えることもできます。

次の例では、「Pythonは楽しい」という文字列を3回繰り返して表示しています。

```
>>> foo = "Pythonは楽しい" ↵
>>> foo * 3 ↵
'Pythonは楽しいPythonは楽しいPythonは楽しい'

>>> (foo + "! " ) * 3 ↵
'Pythonは楽しい! Pythonは楽しい! Pythonは楽しい! '
```

文字列の抽出

文字列の**インデックス**表記を用いることで、文字列から1文字だけ抜き出すことができます。たとえば、文字列「Python」を変数「word」に代入した場合、1文字目は「word[0]」、2文字目は「word[1]」で抜き出すことができます。最後の文字を抜き出したい場合は、「word[5]」とするか、または負のインデックスを使用して「word[-1]」としても抜き出すことができます。

```
>>> word = 'Python'
>>> word[0]
'P'
>>> word[5]
'n'
>>> word[-1]
'n'
```

文字列から部分的に文字列を抽出するには、要素の範囲を指定するスライスを用います。文字列「Python」から「tho」だけ抜き出したい場合は、次のように実行します。

```
>>> word = "Python"
>>> word[2:5]
'tho'
```

「word[2:5]」とした場合、3文字目から6文字目を指定していると勘違いしがちですが、終点は6文字目の前までになり、6文字目は含まれないことに注意してください。これはPythonのインデックスが文字と文字の間を指しているためです（**図2-2**）。

図2-2 ▶インデックスによる文字列の抽出

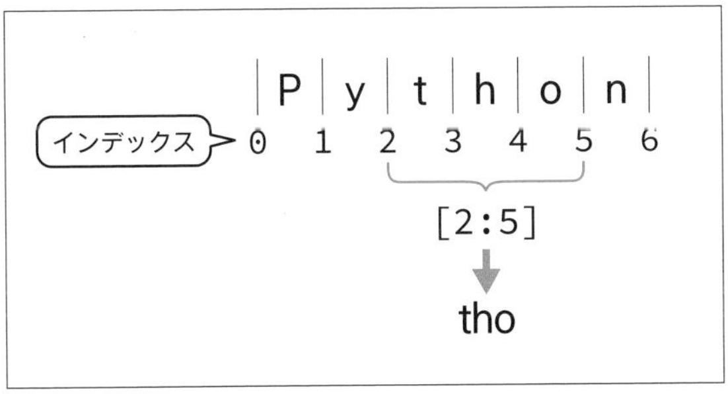

基本変数のまとめ

〈 数値型のまとめ 〉

- Pythonは変数のデータ型を明示的に指定しない「動的型付け言語」であるため、宣言は不要
- 他のプログラミング言語と同じように、演算子には算術の+、-、*、/などを使用し、優先順位も算術の規則にしたがう
- 整数型(int)と浮動小数点型(float)とで計算を行うと、浮動小数点型に変換される
- Pythonで変数を定義するには、名前を付けた変数にデータを代入する
- 変数名で使用できる文字には制限がある

〈 文字列型のまとめ 〉

- Pythonで文字列を定義するには、「” ”(ダブルクォーテーション)」、または「' '(シングルクォーテーション)」を用いる
- 「\(バックスラッシュ)」は引用符や特殊文字をエスケープする際に使用する
- 複数行にまたがって文字列を定義する場合、行末に「\」を用いるか、三連引用符「""" """(ダブルクォーテーション3つ)」または「''' '''(シングルクォーテーション3つ)」
- 文字列を連結するには+演算子を、文字列を繰り返すには*演算子を使用する
- Pythonにおける文字とは、単なる長さが1の文字列のことである
- 文字列から1文字だけ抜き出すには、文字列のインデックス表記を用いる。また文字列から部分的に文字列を抽出するにはスライスを用いる

2-2 コレクション(リスト/タプル/セット/ディクショナリ)

コレクションを使うことで、複合(compound)データをひとまとめにして扱うことができます。ここでは、それぞれのデータ型の扱い方や違いを学習し、状況に応じて最適なコレクションを利用できるようにしましょう。

2-2-1 コレクションの種類

Pythonでは**コレクション**として、以下のデータ型が定義されています。

- リスト型　例:[1, 4, 9, 16, 25]
- タプル型　例:("a" ,"b" ,"c" ,"d" ,"e")
- セット型　例:{"a" ,"b" ,"c" ,"d" ,"e"}
- ディクショナリ型　例:{"Minato-ku":24.31,"Setagaya-ku":89.09}

2-2-2 リスト型

リスト型はいわゆる**配列**といわれる、コレクションの中で最も利用頻度の高いデータ型になります。

要素の番号を指定する**インデックス**や、要素の範囲を指定する**スライス**を使って要素を取り出したり、入れ替えたりすることができます。また要素の追加や削除、並び替えや検索などを行うことも可能です。

リスト型の定義

リスト型は「[ ]」を使って定義します。

```
>>> squares = [1, 4, 9, 16, 25]
>>> squares
[1, 4, 9, 16, 25]
```

リスト型の操作（要素の取り出し）

リスト型は、インデックスやスライスを使って要素を取り出すことができます。なおインデックスやスライスでは、1番目の要素は添え字「0」で表記します。

```
>>> squares = [1, 4, 9, 16, 25]
>>> squares[0]        1番目の要素を取り出す
1
>>> squares[3]        4番目の要素を取り出す
16
>>> squares[-1]       最後の要素を取り出す
25
>>> squares[0:3]      1番目から4番目の前までの要素を取り出す
[1, 4, 9]
>>> squares[-3:]      最後から3番目～最後までの要素を取り出す
[9, 16, 25]
```

リスト型の操作（要素の追加／取り替え、検索）

リスト内の要素は、追加したり取り替えたりすることができます。

```
>>> squares = [1, 4, 9, 16, 25]
>>> squares += [36, 49, 64, 81, 100]      要素を追加
>>> squares
[1, 4, 9, 16, 25, 36, 49, 64, 81, 100]

>>> squares[3] = 256                      4番目の要素を取り替える
```

```
>>> squares
[1, 4, 9, 256, 25, 36, 49, 64, 81, 100]

>>> squares[4:6] = [625,1296]
5番目から7番目の前までの要素を取り替える。スライスについては図2-2を参照
>>> squares
[1, 4, 9, 256, 625, 1296, 49, 64, 81, 100]
```

また要素を並び替えるsort( )メソッドや、要素を追加するappend( )メソッドなどを使用できます。

```
>>> squares = [1, 4, 9, 256, 625, 1296, 25, 36, 49, 64, 81, 100]
>>> squares.sort()        要素を昇順に並び替える
>>> squares
[1, 4, 9, 25, 36, 49, 64, 81, 100, 256, 625, 1296]
>>> letters = ["a", "b", "c", "d"]
>>> letters.append("e")   要素を追加
>>> letters
['a', 'b', 'c', 'd', 'e']
```

リスト型の操作（要素数を調べる）

リストでは、len( )関数などの組み込み関数を使用することによって、要素数を調べることができます。

```
>>> letters = ['a', 'b', 'c', 'd', 'e']
>>> len(letters)
5
```

2-2-3 タプル型

タプル型は、リストと似た機能を持ったデータ型です。インデックスやスライスを使って要素を取り出すなど、リスト型と同じような操作が可能ですが、要素の変更はできません。その代わりに高速処理が可能なため、やりたいことがタプル型で事足りる場合は、リスト型を使わずにタプル型を使うようにしましょう。

タプル型は「( )」を使って定義します。

```
>>> tuple = ("a" ,"b" ,"c" ,"d" ,"e")
>>> tuple
('a', 'b', 'c', 'd', 'e')
```

リスト型と同じように要素を入れ替えようとするとエラーになります。

```
>>> tuple[2] = "B"    リストと同じように要素を入れ替えようとすると
Traceback (most recent call last):
  File "<stdin>", line 1, in <module>
TypeError: 'tuple' object does not support item assignment    エラーになる
```

2-2-4 セット型

セット型は、重複しない複数の要素を管理するために使用します。重複したデータを要素として持つことはできません。またリスト型とは異なり、順番という概念がないため、インデックスやスライスを使って各要素を取り出すことはできません。ただし要素の変更や追加・削除は可能です。

セット型は{ }を使って定義します。

```
>>> set = {"a" ,"b" ,"c" ,"d" ,"e"}    セット型を定義
>>> set
{'e', 'b', 'c', 'a', 'd'}    順番は保持されない
>>> set[2]    インデックスで要素を取り出そうとするとエラーになる
```

```
Traceback (most recent call last):
  File "<stdin>", line 1, in <module>
TypeError: 'set' object is not subscriptable
>>> set.add("f") ↵          要素の追加
>>> set.remove("a") ↵       要素の削除
```


2-2-5 ディクショナリ型

ディクショナリ型は、**キー**と**値**をペアにして、複数の要素を管理するためのデータ型です。リスト型と同じく複数の要素を集めたデータ型ですが、順番という概念がありません。キーを利用して要素を取り出すことができます（他言語の連想配列やMapと呼ばれるデータ型と同じものになります）。

ディクショナリ型は「{キー:値, ……}」を使って定義します。キーを使うと、各要素の値にアクセスすることができます。

すべての要素を取り出すには`items( )`メソッド、すべてのキーを取り出すには`keys( )`メソッドを使用します。またすべての値を取り出すには`valus( )`メソッドを使用します。

```
>>> dict = {"Minato-ku":24.31,"Setagaya-ku":89.09} ↵
 ディクショナリ型を定義
>>> dict["Minato-ku"] ↵     キーを使って値を取り出す
24.31
>>> dict.items() ↵          すべての要素を抽出
dict_items([('Minato-ku', 24.31), ('Setagaya-ku', 89.09)])
>>> dict.keys() ↵           すべてのキーを抽出
dict_keys(['Minato-ku', 'Setagaya-ku'])
>>> dict.values() ↵         すべての値を抽出
dict_values([24.31, 89.09])
```

Coffee Break

オープンソースソフトウェア（OSS）としてのPython

Pythonはオープンソース（以降OSS）のプログラミング言語です。インターネットを通してソースコードが公開され、誰でも開発に参加できるのが大きな特徴となっています。開発に便利なフレームワークやライブラリーも、その多くがOSSで提供されており、こうしたエコシステムがPythonの人気につながっています。

OSSで提供されているすべてのソフトウェアに当てはまる訳ではありませんが、ほとんどがバザール方式[注]といわれる開発方式を採用しており、不特定多数の開発者により設計や実装が行われています。そのため開発コミュニティーに参加している個人の献身性が重要です。

バザール方式に対して、少数の開発メンバーが中央集権的に開発する手法を伽藍（Cathedral）方式といいます。大聖堂（Cathedral）を建築するように、設計者がすべての計画を立てて体制を確立する開発方式になります。

注：エリック・レイモンド著「伽藍とバザール」
[原文](http://www.catb.org/˜esr/writings/cathedral-bazaar/)
[日本語訳](https://www.aozora.gr.jp/cards/000029/card227.html)

コレクションのまとめ

- 数の要素を集めたデータ型として、Pythonではリスト、タプル、セット、ディクショナリを使う
- リストはインデックスやスライスを使って要素を取り出したり、入れ替えたりすることができる
- リストは要素の追加・削除や、並び替え・検索などを行うこともできる
- リストは多機能で使いやすいが、実行速度を重視する場合はタプルを使用する
- タプルは要素の入れ替えはできないが、それ以外はリストと同じような機能を備えている
- 重複しない複数の要素を管理する場合は、セットを使用する
- キーと値のペアで要素を管理し、キーを使って値にアクセスするような用途ではディクショナリを使用する

2-3 条件判断処理(if文)

本格的なソースコードを書けるように制御文について学習します。本章ではif文を使った条件判断処理について解説します。if文では条件判断に使う条件式、そこで用いる比較演算子といったものを使用します。なおPythonでは、他のプログラミング言語でみられるようなswitch-case文は使用できません。

2-3-1 if / elif / else

分岐処理を行うには、**if-else**文や多岐分岐の**elif**(else ifの省略)文を使用します。条件式の後には「**:(コロン)**」を置き、処理の前には**インデント(スペース文字4つ)**を入れます。

```
if (条件式1):
    処理1
elif (条件式2):
    処理2
elif (条件式3):
    処理3
else:
    処理それ以外
```

インタープリターを起動し、次のように入力して実行してみましょう。

```
>>> x = 12 ↵
>>> if ( x % 2 == 0): ↵      条件式の後には「:(コロン)」を置く
...     print("偶数です") ↵   処理の前にはインデントを入れる
... else: ↵
```

```
...     print("奇数です") ↵    処理の前にはインデントを入れる
... ↵
偶数です
```

条件式の「if (x % 2 == 0):」では、「x」が2で割り切れるかどうかによって処理を分岐させています。条件式が「**真(True)**」だった場合、すなわち2で割り切れる場合は、「print("偶数です")」を実行し、条件式が「**偽(false)**」だった場合は、「print("奇数です")」を実行します。

2-3-2 条件式

if文の条件式とは条件として評価できる式のことです。試しに次のように「0 <= 5」と「0 <= -1」を入力して実行してみましょう。

```
>>> 0 <= 5 ↵
True
>>> 0 <= -1 ↵
False
```

前者のように条件が正しい場合は**True**、後者のように条件が正しくない場合は**False**といった、真偽値あるいは論理値と呼ばれるタイプの値が表示されます。

コードに直接挿入しても真偽値として解釈されます。ただし最初の1文字は大文字にする必要があります。すべて小文字のtrue／falseは真偽値として認識されません。

```
>>> True ↵
True
>>> False ↵
False
>>> false ↵                          1文字目が小文字のfalse
Traceback (most recent call last):
  File "<stdin>", line 1, in <module>
NameError: name 'false' is not defined   Falseとは認識されずエラーになる
```

2-3-3 比較演算子と論理演算子

比較演算子

Pythonでは、条件式で値の比較を行う際は**比較演算子**を用います(**表2-3**)。

表2-3 ▶ 比較演算子

比較演算子	例	意味
==	x == y	xとyが等しい
!=	x != y	xとyが異なる
<	x < y	xよりyが大きい
<=	x <= y	xよりyが等しいか大きい
>	x > y	xよりyが小さい
>=	x>= y	xよりyが等しいか小さい
in	x in y	要素xがシーケンスyの中に含まれる

論理演算子

if文では条件式を組み合わせることで、より複雑な条件式を記述できます。たとえば「(a と bが等しい)かつ(c は dよりも大きい)」といった「条件1 かつ 条件2」のような条件式や、「(a と bが等しい)または(c は dよりも大きい)」といった「条件1 または 条件2」のような条件式もPythonでは記述可能です。それには論理演算子を使用します。Pythonで用意されている論理演算子は**表2-4**の通りです。

表2-4 ▶ 論理演算子

論理演算子	例	意味
and	条件1 and 条件2	条件1と条件2をともに満たすなら真(True)
or	条件1 or 条件2	条件1、条件2のうちどちらかを満たせば真(True)
not	not 条件1	条件1を満たさないとき真(True)

Coffee Break オープンソースソフトウェア（OSS）に携わるには

Pythonは、多くのコミュニティーや個人が開発に携わっているオープンソースソフトウェア（OSS）です（「コラム1」参考）。OSSの開発に携わることで、新たな知見や経験を得ることができます。OSSでは、開発コミュニティーに参加することで、必要な情報に自由にアクセスできます。

OSSへの携わり方は、コードを改修してGithubのようなリポジトリーにコミットしたり、バグを見つけて修正パッチをコミットしたりといった直接的な携わり方以外にも、ドキュメントの作成やTipsの整理といったサポート面で携わることができます。

伽藍方式で開発されているプロプライエタリなソフトウェアであれば、一元的な情報が展開されますが、OSSではコミュニティーや個人から発信される情報がすべてです。OSSに関する情報の中には、整理されていないものや、信憑性がはっきりしないものものもあり、これらの不確かな情報がOSSの信頼性を下げたり、混乱を生むきっかけになっています。そのため、ドキュメントを整理して混乱を解消することが、OSSの普及に繋がります。

各地でユーザーコミュニティーによる無料の勉強会や輪読会が開催されており、「connpass」（https://connpass.com/）　や「Doorkeeper」（https://www.doorkeeper.jp/）といった、ITエンジニア向けのイベント告知サイトで検索できます。時にはキャリアの転換になるようなOSSに出会うことができるかもしれません。

条件判断処理（if文）のまとめ

- 分岐処理を行うには、if-else文や多岐分岐のelif文を使用する
- 条件式の後には「:（コロン）」を置いて、処理の前にインデント（スペース文字4つ）を入れる
- if文の条件式とは、「条件」として評価できる式のことである
- 条件式では==、!=、>、>=、<、<=、inなどの比較演算子を使って値の比較を行う
- 複数の条件を組み合わせる場合は、and、orなどの論理演算子を使用する

2-4 繰り返し処理（for文／while文）

引き続き本格的なコードを書けるように制御文について学習します。本章ではfor／while文を使った繰り返し処理について説明します。1から100までの数字を順番に出力したり、配列の要素を順番に取り出したりと、複数のデータに対して、同じ処理を繰り返したいときに繰り返し処理を用います。

2-4-1 for文

for文の使用

Pythonでは次のような構文で**for文**を使用します。

```
for 変数 in オブジェクト:
    実行する処理
```

forの後ろには「変数 in オブジェクト」を記述し、末尾に「**:（コロン）**」を置きます。ここで指定されるオブジェクトは、シーケンス型と呼ばれるオブジェクトです。このオブジェクトは、配列のように順番に処理するようなデータ構造を持っており、文字列もシーケンス型になります。「実行する処理」の前にはインデント（スペース文字を4つ）を入れます。

たとえば、配列の中の要素を順番に取り出して出力するときは、次のように入力して実行します。

```
>>> for pref in ["愛知", "岐阜", "三重", "静岡", "長野", "石川"]: ↵
...     print(pref) ↵
...
愛知
```

```
岐阜
三重
静岡
長野
石川
```

配列内の各要素が1つずつ出力されました。繰り返し処理が行われるたびに、「変数」には配列（シーケンス型オブジェクト）の要素が1つずつ代入され、「実行する処理」が1回ずつ実行されているのがわかります。

それでは「単に10回繰り返す」といった場合は、どのようにすればよいでしょうか。そのような場合はrange( )関数を使用します。

たとえば、for文で指定した回数分、処理を繰り返すには次のように記述します。

```
for 変数 in range(回数):
    print(変数)
```

たとえば、数字を順番に10回出力するときは、次のように入力して実行します。

```
>>> for count in range(10): ↵
...     print(count) ↵
...
0
1
2
3
4
5
6
7
8
9
```

実行結果から変数countには0～9の値が代入されているのがわかります。なおrange( )関数では、0からカウントされる点に注意してください。

それでは、カウントを6から開始したい場合はどのようにしたらよいでしょうか。それを実現するには、「range(6,10)」のように指定します。

```
>>> for count in range(6,10): ↵
...     print(count) ↵
... ↵
6
7
8
9
```

6～9までが出力されているのがわかります。range( )関数は引数を3つまで指定することができます。たとえば「range(0,11,2)」とした場合は0～10までを2ずつ、また「range(0,11,3)」とした場合は0～10までを3ずつカウントアップしながら繰り返します。

```
>>> for count in range(0,11,2): ↵
...     print(count) ↵
... ↵
0
2
4
6
8
10
```

break（for文）

for文を使った繰り返し処理を途中で中止したい場合は、**break**を挿入します。たとえば、0から9までの数字を1つずつ表示するプログラムで、5回繰り返した後に中止する場合は、次のように入力して実行します。

```
>>> for count in range(10): ↵
...     if (count == 5): ↵
```

```
...         break ↵
...     print(count) ↵
... ↵
0
1
2
3
4
```

breakを使うと、それ以降の処理を行わずにfor文が終了します。上記例では、「if (count == 5):」とすることで、countが5になった時点（すなわち4までをprintした時点）でfor文が終了します。6回目以降の繰り返し処理は行われないため、何も出力されていません。

continue（for文）

for文の中に**continue**を挿入すると、continueの後にある処理をスキップしてfor文を次に進めることができます。

breakでは、break以降の処理を行わずにfor文が終了しますが、continueではfor文を次に進めることができます。特定条件の時だけブロックの一部を実行せず、繰り返し処理を続けたいときに便利です。

たとえば、先ほどbreakの解説で使用したコード（0から9までの数字を1つずつ表示するプログラムで繰り返しを5回目で中止する）で、breakをcontinueに置き換えたコードを実行してみましょう。

```
>>> for count in range(10): ↵
...     if (count == 5): ↵
...         continue ↵
...         print(count) ↵
... ↵
0
1
2
3
4
```

```
6    5がスキップされている
7
8
9
```

continueを使うと、処理が1回スキップされ繰り返し処理は継続されるためfor文は終了しません。上記例では、「if (count == 5):」とすることで、countが5になった時だけprint処理をスキップし、countが6以降の処理は継続されています。

for～else

for文で繰り返し処理が終了した時にだけ、処理を実行するには**else文**を使用します。

```
for 変数 in オブジェクト:
    実行する処理
else:
    実行する処理
```

elseの後ろには「**:（コロン）**」を置きます。「実行する処理」の前にはインデント（スペース文字を4つ）を入れます。たとえば、「0から9までの数字を1つずつ表示し、5回繰り返した後中止するプログラム」でelse文を使用するには、次のように記述します。

```
for count in range(10):
    if (count == 5):
        break
    print(count)
else:
    print("for-else-end")
```

上の6行を実行してみましょう。「if (num == 5):」でbreakが実行されると、print(count)だけでなく、elseブロックの中にある「print("for-else-end")」も実行されません。

```
>>> for count in range(10): ↵
...     if (count == 5): ↵
```

```
...         break ↵
...     print(count) ↵
... else: ↵
...     print("for-else-end") ↵
... ↵
0
1
2
3
4
```

2-4-2 while文

while文の使用

もっとシンプルな繰り返し処理を記述するには、**while文**を使用します。while文ではfor文のような繰り返し変数を使用しなくても、条件式を使うことができ、条件式が**True**(真)である限り、繰り返し処理を継続することができます。

Pythonでは、次のようにwhile文を記述します。

```
while 条件式:
    実行する処理
```

whileの後ろには条件式を記述し、末尾に「**:(コロン)**」を置きます。「実行する処理」の前にはインデント(スペース文字を4つ)を入れます。

「numを0から1つずつ加えながら表示する処理をnumが10より小さい間繰り返す」を実行するには、次のように入力して実行します。

```
>>> num = 0 ↵
>>> while (num < 10): ↵
...     print(num) ↵
...     num += 1 ↵
```

```
... ↵
0
1
2
3
4
5
6
7
8
9
```

0～9までの数字が表示されました。

1行目で変数numに0を代入し、2行目以降のwhile文では条件式（今回は「num < 10」）がTrue（真）である限り処理を続けられ、処理が1回行われるたびに「num += 1」により変数numに1が足されます。条件式が「num < 10」を満たす間、すわわち、numが9になるまで繰り返し処理が継続し、numが10になると繰り返し処理が停止します。

break（while文）

while文を使った繰り返し処理を途中で中止したい場合は、**break**を挿入します。たとえば、1から10までの数字を1つずつ表示するプログラムで、5回繰り返した後中止するには、次のように入力して実行します。

```
>>> num = 0 ↵
>>> while (num < 10): ↵
...     num += 1 ↵
...     if (num == 6): ↵
...         break ↵
...     print(num) ↵
...
1
2
3
```

```
4
5
```

breakを使うと、それ以降の処理を行わずにwhile文が終了します。上記例では、「if count == 6」とすることで、countが6になった時点（すなわち5までをprintした時点）でwhle文が終了します。6回目以降の繰り返し処理は行われないため、何も出力されません。

continue（while文）

while文の中にcontinueを挿入すると、continueの後にある処理をスキップしてwhile文を次に進めることができます。

breakではbreak以降の処理を行わずにwhile文が終了しますが、continueではwhile文を次に進めることができます。特定条件の時だけブロックの一部を実行せず、繰り返し処理を続けたいときに便利です。

たとえば、先ほどbreakの解説に使用したサンプルコード（1から10までの数字を1つずつ表示するプログラムで、繰り返しを5回目で中止する）でbreakをcontinueに置き換えたコードを実行してみましょう。

```
>>> num = 0 ↵
>>> while (num < 10): ↵
...     num += 1 ↵
...     if (num == 6): ↵
...         continue ↵
...     print(num) ↵
... ↵
1
2
3
4
5
7   6がスキップされている
8
9
10
```

continueを使うと、処理が1回スキップされ繰り返し処理は継続されます。while文による繰り返し処理は終了しません。上記例では、「if (count == 6):」とすることで、countが6になった時だけprint処理をスキップし、countが7以降の処理は継続されています。

while～else

while文は条件式が**False**（偽）になると繰り返し処理を終了しますが、whileブロック内でelse文を記述することにより、条件式がFalse（偽）のときにelseブロック内の処理を実行することができます。

```
while 条件式:
    実行する処理
else:
    実行する処理
```

elseの後ろには「**:（コロン）**」を置きます。「実行する処理」の前にはインデント（スペース文字を4つ）を入れます。

while文による繰り返し処理の最後に実行されているため、次の2つのコードは同じように動作します。

```
num = 0
while (num < 10):
    num += 1
    print(num)

print("while-else-end")
```

```
num = 0
while (num < 10):
    num += 1
    print(num)
else:
    print("while-else-end")
```

ただし、breakが挿入されていると、挙動が変わります。

```
num = 0
while (num < 10):
    num += 1
    if (num == 6):
        break
    print(num)

print("while-else-end")
```

これらのコードを実行すると、次のように表示されます。最後の「print("while-elseend")」が実行され、「while-else-end」と表示されることが確認できます。

```
1
2
3
4
5
while-else-end
```

breakが挿入されたwhile-else文で繰り返し処理が中断すると、elseブロックの中の処理も行われません。

```
num = 0
while (num < 10):
    num += 1
    if (num == 6):
        break
    print(num)
else:
    print("while-else-end")
```

コードを実行してみましょう。「if (num == 6):」でbreakが実行されると、「print(num)」に加えて、elseブロックの中にある「print("while-else-end")」も実行されません。

```
>>> num = 0 ↵
>>> while (num < 10): ↵
...     num += 1 ↵
...     if (num == 6): ↵
...         break ↵
...     print(num) ↵
... else: ↵
...     print("while-else-end") ↵
... ↵
1
2
3
4
5
```

無限ループ

while文でよく利用されるのが**無限ループ**です。条件がTrue（真）である間、無限に処理が繰り返されます。

```
while True:
    無限ループの中で実行する処理
```

または

```
while 1:
    無限ループの中で実行する処理
```

以下のコードを実行すると、無限にwhileブロック内の処理が実行されます。処理を止めるにはCtrl+Cを押します。

```
>>> num = 0
>>> while True:
...     num += 1
...     print(num)
...
1
2
3
...（省略）...
^CTraceback (most recent call last):    Ctrl+Cを押す
  File "<stdin>", line 3, in <module>
KeyboardInterrupt
```

無限ループは、何かの入力を待ち受ける場合に使用しますが、実行環境に掛かる負担が大きいため、使用は適切に行います。なおwhileブロックの中に、breakを挿入することで、無限ループを停止することができます。

繰り返し処理（for文／while文）のまとめ

- Pythonで繰り返し処理を行うには、for文、while文を使用する
- 繰り返し処理で途中で中断するにはbreakを、1回だけスキップするにはcontinueを使用する
- else文を使うことで、繰り返し処理の終わりに1度だけ実行する処理を指定できる
- while文の条件にTrueや1などの条件を使用すると無限ループを実現できる

CHAPTER 3

基本編

オブジェクトとクラス／文字列操作

本章の前半では、Pythonにおけるクラスの使用方法について解説します。Pythonはオブジェクト指向プログラミング言語の1つです。基本変数である文字列や、コレクションであるリストもオブジェクトとしての機能を備えています。後半では、文字列を柔軟に操作する方法について解説します。Pythonは正規表現をはじめ、文字列を操作するさまざまなメソッドも備えています。

3-1 Pythonスクリプトの実行方法

3-2 オブジェクトとクラス（マルチバイト文字列、ファイル入出力）

3-3 文字列操作（オブジェクト、イテレータ／ジェネレーター）

3-4 正規表現

3-1 Pythonスクリプトの実行方法

Pythonスクリプトを使ってクラスの使用方法を解説します。Pythonスクリプトはソースコードを記述したファイルです。コードが長くなったり、複数の構文を使用したりする場合は、Pythonスクリプトにコードを記述し実行するようにしましょう。

2章までは対話形式でPythonコードを実行してきましたが、それに加えて本章では、ソースコードを記述したファイルを実行する方法で進めています。Pythonでは、あらかじめテキストファイルに保存したプログラムを読み込んで実行することができます。

Pythonのプロフラムファイルのことを**Pythonスクリプト**と呼び、拡張子は**.py**を使用します。なお、Windowsの初期設定では拡張子が表示されないため、ファイルの拡張子を表示させるように、設定を変更しておきましょう。

エクスプローラーを開いて、メニューの表示タブをクリックし、「ファイル名拡張子」チェックボックスにチェックを付けます。

図▶Windowsでファイルの拡張子を表示

Pythonスクリプトを実行する場合、主に2つの方法があります。1つはPythonスクリプトが保存されているディレクトリ（フォルダ）上に移動してスクリプトファイル名を指定して実行する方法と、もう1つはスクリプトのフルパス（絶対パス）を指定して実行する方法です。

実行する場合は、Windowsでは「Anaconda Prompt(Anaconda3)」、macOSでは「ターミナル」をまず開きます。Pythonスクリプトが保存されているディレクトリ（フォルダ）上でPythonスクリプトを実行するには、Pythonスクリプトが保存されているディレクトリにcdコマンドで移動してから、Pythonスクリプトのファイル名を引数に指定してpythonコマンドを実行します。

・Windowsでスクリプトファイル名を指定して実行する場合

```
> cd C:\...Pythonスクリプトが保存されているディレクトリのパス...\ ↵
> python Pythonスクリプト名.py ↵
```

・macOSでスクリプトファイル名を指定して実行する場合

```
% cd /User/...Pythonスクリプトが保存されているディレクトリのパス.../ ↵
% python Pythonスクリプト名.py ↵
```

また絶対パスを指定する場合は、次のように実行します。

・Windowsで絶対パスを付けて実行する場合

```
> python C:\...パス...\Pythonスクリプト名.py ↵
```

・macOSで絶対パスを付けて実行する場合

```
% python /...パス.../Pythonスクリプト名.py ↵
```

試しに次のソースコードを記述したPythonスクリプトを用意してみましょう（**リスト3-1**）。

ここでは、WindowsはCドライブの下、macOSはデスクトップ上に「pyscript」フォルダを作成して、作成したファイルにsample.pyと名前を付けて保存します。

リスト3-1 ▶ sample.py

```
print("Pythonプログラミングを実行します")
for pref in ["愛知", "岐阜", "三重", "静岡", "長野", "石川"]:
    print(pref)
print("Pythonプログラミングを終了します")
```

保存したあとにpythonコマンドでスクリプトを実行します。

・Windowsの場合

```
(base) C:¥Users¥gihyotaro>cd c:¥pyscript ↵

(base) c:¥pyscript>python sample.py ↵
Pythonプログラミングを実行します
愛知
岐阜
三重
静岡
長野
石川
Pythonプログラミングを終了します
```

・macOSの場合

```
% cd /Desktop/pyscript ↵
% python sample.py ↵
略
```

絶対パスを指定してPythonスクリプトを実行する場合は、次のようになります。

・Windowsで絶対パスを指定してスクリプトを実行する場合

```
> python c:\pyscript\sample.py ↵
略
```

・macOSで絶対パスを指定してスクリプトを実行する場合

```
% python /Desktop/pyscript/sample.py ↵
略
```


以降、Windows／macOSともに実行例ではコマンドプロンプトを「>」で表記しています。macOSを使用している場合は、プロンプトを置き換えてください。

また本書のスクリプト実行例では、パスを省略しています。スクリプトを実行する際は、Pythonスクリプトが保存されたディレクトリ（macOSではフォルダ）に移動するか、Pythonスクリプトを絶対パスを指定して実行するようにしてください。

3-2 オブジェクトとクラス（マルチバイト文字列、ファイル入出力）

Pythonは、オブジェクト指向プログラミング言語の1つです。前章で解説した基本変数である文字列や、コレクションであるリストもオブジェクトとしての機能を持っています。ここでは、Pythonにおけるクラスの使用方法について解説します。

3-2-1 クラス

Pythonをはじめとする**オブジェクト指向**のプログラミング言語では、すでにあるオブジェクトに加えて、必要に応じてオブジェクトを作成しプログラムを作成します。その際、オブジェクトの性質や振る舞いをコードにしたものが**クラス**です。

```
class クラス名:
    クラスの内容
```

Pythonでは、「class クラス名:」と記述してクラスを作成します。慣習的に**クラス名の先頭は大文字**にします。**アトリビュート**（クラス内で定義された変数）や**メソッド**（クラス内で定義された関数）を記述する際は、インデント（スペース文字4つ分）を入れてください。

実際にクラスを使用したプログラムを例に解説します（**リスト3-2**）。

リスト3-2 ▶ sample3-2-1.py

```
class MyClass:

    value = 100            アトリビュートの定義

    def getValue(self):    メソッドの定義
```

```
        print(self.value)

    def addValue(self):  メソッドの定義
        self.value += 1

myclass = MyClass()
myclass.addValue()
myclass.getValue()
```

value = 100ではアトリビュートを定義し、def getValue( )やdef addValue( )ではメソッドを定義しています。

メソッドを定義する際は「**def メソッド名(引数...):**」と記述します。アトリビュートもメソッドもクラス定義ブロックの中（インテンドで字下げされた）にあることに注意しましょう。

リスト3-2を実行すると、次のように表示されます。

```
> python sample3-2-1.py ↵
101
```

リスト3-2では、クラスを定義している以外に次の処理も行われています。

```
myclass = MyClass()  変数「myclass」にMyClassインスタンスが生成され代入される
myclass.addValue()
    MyClass( )のaddValue( )メソッドを実行（アトリビュートvalueに1が足される）
myclass.getValue()
    MyClass( )のgetValue( )メソッドを実行（アトリビュートvalueを表示）
```

ここで気になるのが、クラス定義内でメソッドを定義する際に用いられている引数の「self」です。メソッドを定義する際には「self」が用いられているのに、実際にクラスをインスタンス化しメソッドを呼び出す際には、何も引数を指定していません。

これは他のプログラミング言語では見られないものですが、Pythonではメソッドを定義する際は、必ず1つ以上の引数を持つようにし、**第1引数に自分自身の意味を持つ「self」を受け取るようにします**。

Pythonはメソッドを呼び出す際に、暗黙的に第1引数としてインスタンスを渡しているため、明示的にselfを引数に渡す（たとえば、myclass.getValue(myclass)とする）必要はありません。

3-2-2 コンストラクター

Pythonではインスタンスが作られる際に、特殊なメソッドの**コンストラクター**（初期化メソッド）を定義することができます。これはアトリビュートを初期化するときや、代入するときに使用します。インスタンスが生成される際に自動的に実行されます。

コンストラクターは「**__init__( )**」という名前で定義します。initの前後には「**_（アンダースコア）**」を2つ挿入します。

先ほど使用したPythonスクリプト（リスト3-2）にコンストラクターを挿入したコードを例に解説します（**リスト3-3**）。

リスト3-3 ▶ sample3-2-2.py

```
class MyClass:

    value = 100          アトリビュートの定義

    def __init__(self):  コンストラクターの定義
        self.value = 200

    def getValue(self):  メソッドの定義
        print(self.value)

    def addValue(self):  メソッドの定義
        self.value += 1

myclass = MyClass()
myclass.addValue()
myclass.getValue()
```

新たにdef __init__(self):でコンストラクターを定義し、アトリビュートvalueに「200」を代入しています。リスト3-3を保存して実行すると、次のように表示されます。

```
> python sample3-2-2.py ↵
```

```
201
```

リスト3-2の実行結果として「101」が表示されていましたが、今回は「201」と表示されています。リスト3-3ではクラスの定義の他に、次のような処理が行われています。

```
myclass = MyClass()
```
変数「myclass」にMyClassインスタンスが生成され代入される

コンストラクターが呼び出され、アトリビュートvalueに200が代入される

```
myclass.addValue()
```
MyClass( )のaddValue( )メソッドを実行（アトリビュートvalueに1が足される

```
myclass.getValue()
```
MyClass( )のgetValue( )メソッドを実行（アトリビュートvcalueを表示）

3-2-3 デストラクター

コンストラクターとは逆に、インスタンスが不要になり破棄される際に呼び出されるメソッドとして**デストラクター**を定義することができます。デストラクターは、リソースを開放するなどの処理を実行する際に利用します。Pythonがインスタンスを破棄する際には自動的に実行されます。

デストラクターは「**__del__( )**」という名前で定義します。delの前後に「**_（アンダースコア）**」を2つ挿入します（**リスト3-4**）。

リスト3-4 ▶ sample3-2-3.py

```
class MyClass:
    def __init__(self):
        print('コンストラクターが実行されました')

    def __del__(self):
        print('デストラクターが実行されました')

myclass = MyClass()
del myclass
```

リスト3-4を保存して実行すると、次のように表示されます。

```
> python sample3-2-3.py ↵
コンストラクターが実行されました
デストラクターが実行されました
```

「del myclass」が実行されることで、myclassインスタンスが破棄され、MyClassクラス内のデストラクターが実行されているのがわかります。Pythonスクリプトの終了時にインスタンスは破棄され、デストラクターが呼び出されるため、ソースコードの最後にdel myclassがなくても、デストラクターは実行されます。

なお、デストラクターの実行は保証されていません。たとえば、Pythonスクリプトが異常終了した場合は、デストラクターが実行されないことがあります。そのためリソースの開放に失敗したりと、挙動が怪しくなる場合がありますので注意してください。

3-2-4 継承

Pythonも他のオブジェクト指向プログラミング言語と同じように、あるクラスをひな形に新たなクラスを作る**継承**をサポートしています。ひな形となる親クラスのことを**スーパークラス**（基底クラス、親クラス）、スーパークラスを元に作られたクラスを**サブクラス**（派生クラス、子クラス）」と呼びます。

継承を行うと、サブクラスはスーパークラスに定義されているアトリビュートやメソッドをそのまま流用することができます。サブクラスでは、必要な個所だけを書き換えたり加えたりすることが可能です。そのため、同じコードを繰り返し記述する必要がなくなるため、効率的にプログラムを開発することができるようになります。

継承を利用するには、クラスを定義する際に、「**class クラス名(スーパークラス):**」と定義します（**リスト3-5**）。

リスト3-5 ▶ sample3-2-4.py

```
class Parent:  Parentクラスを定義

    value = 100

```

```
    def __init__(self):
        self.value = 200

    def getValue(self):
        print("スーパークラスのgetValue( )が実行されました")
        print(self.value)

class Child(Parent):             Parentクラスを継承したChildクラスを定義

    def doubleValue(self):       新たなメソッドを定義
        self.value = self.value * 2

    def getValue(self):          スーパークラスのgetValueメソッドをオーバーライト
        super().getValue()       スーパークラスのgetValue( )を実行
        print("サブクラスのgetValue( )が実行されました")
        print(self.value)

child = Child()
child.doubleValue()
child.getValue()
```

「class Parent:」で定義したクラスをスーパークラスとして、サブクラスを「class Child(Parent):」と定義します。サブクラスの`Child`はスーパークラスであるParentで定義されている`value`アトリビュート、`getValue( )`メソッド、コンストラクター（`__init__( )`）を継承しています。

新たに`doubleValue( )`メソッドを加え、さらに親クラスの`getvalue( )`メソッドをオーバーライド（上書き）しています。サブクラスChildの`getValue( )`メソッドの中では、「super( ).getValue( )」によって、スーパークラスの`getValue( )`が実行されます。新たに加えた処理はその後実行されます。

リスト3-5を保存して実行すると、次のように表示されます。

```
> python sample3-2-4.py ↵
スーパークラスのgetValue( )が実行されました
400
```

```
サブクラスのgetValue( )が実行されました
400
```

3-2-5 多重継承

Pythonは複数の基底クラスを引き継ぐ**多重継承**が可能です。多重継承は「**class クラス名(スーパークラス名1,スーパークラス名2,...)**」と定義します（**リスト3-6**）。

リスト3-6 ▶ sample3-2-5.py

```
01 class A:  クラスAを定義
02     def method(self):
03         print("クラスAです")
04 
05 class B:  クラスBを定義
06     def method(self):
07         print("クラスBです")
08 
09 class C(A,B):
10     pass  何も処理をしない
11 
12 c = C()
13 c.method()
```

クラスCをインスタンス化し、method( )メソッドを実行すると、スーパークラスのAとBのうち、先に記述されているクラスAのmethod( )メソッドが呼び出さます。もし9行目を「class C(B,A):」と継承するクラスの順番を書き換えて実行すると、出力は「クラスBです」となります。

なお複雑な多重継承を作ると、メソッドの検索順序で問題が発生する可能性があるため注意してください。

リスト3-6を保存して実行すると、次のように表示されます。

```
> python sample3-2-5 ↵
クラスAです
```


3-2-6 カプセル化

アトリビュートやメソッドをクラスの内部だけで利用し、外部から利用できないよう隠蔽することを**カプセル化**と呼びます。オブジェクト指向のプログラミング言語では、欠かせない概念ですが、Pythonでもカプセル化を利用することができます。

Pythonでは、アトリビュート名やメソッド名の先頭に「**_(アンダースコア)**」を2つ付けることで、外部からアクセスできないようにします。「__アトリビュート名」や「__メソッド名」は、Pythonスクリプトの実行時に自動的に名前を改変し、外部から呼び出し不可能にしています(**リスト3-7**)。

リスト3-7 ▶ sample3-2-6.py

```
class MyClass:

    __value = 100

    def __init__(self):
        self.__value = 200

    def method(self):
        print("アクセス可能")

    def __method(self):
        print("アクセス不可")

    def getValue(self):
        print(self.__value)

```

```
myclass = MyClass()
myclass.method()
myclass.getValue()
```

リスト3-7を保存して実行すると、次のように表示されます。

```
> python sample3-2-6.py ↵
アクセス可能
200
```

クラスMyClassの定義内でカプセル化されているのは、__valueアトリビュート、コンストラクター(__init__( ))、__method( )メソッドの3つです。__valueアトリビュートに直接外部からアクセスすることはできません。そのためリスト3-7(sample3-2-6.py)の末尾に次の2行を加えて実行すると、アクセスエラーが発生します。

```
myclass.__method()
print(myclass.__value)
```

```
> python sample3-2-6.py ↵
アクセス可能
200
Traceback (most recent call last):
  File "/Users/○○/sample3-2-6.py", line 20, in <module>
    myclass.__method()
AttributeError: 'MyClass' object has no attribute '__method'
```

カプセル化されたアトリビュートでも、クラス内ではアクセス可能です。getValue( )のように、カプセル化したアトリビュートにアクセスするメソッドを定義することで、カプセル化されたアトリビュートに間接的にアクセスできます。

なお、「_(アンダースコア)」を1つだけ付けた場合は、**クラス内でのみで参照、または使用される**ものになります。システム的な制約はありませんが、慣習的に使用しています。

オブジェクトとクラス（マルチバイト文字列、ファイル入出力）のまとめ

- オブジェクトの性質や振る舞いをコードにしたものがクラスである
- クラスは「class クラス名:」で作成する。アトリビュートやメソッドはインデント（スペース文字4個挿入）して定義する
- Pythonではメソッドを定義する際は必ず1つ以上の引数を持つようにし、第1引数に自分自身の意味を持つselfを受け取るようにする。
- アトリビュートを初期化したり、代入したりするのにコンストラクター（「__init__( )」という名前で定義）を使用する
- インスタンスが不要になり破棄される際に呼び出されるメソッドとしてデストラクター（「__del__( )」という名前で定義）を使用する
- Pythonは継承や多重継承をサポートしている
- ひな形となる親クラスのことをスーパークラス（基底クラス、親クラス）、スーパークラスを元に作られたクラスをサブクラス（派生クラス、子クラス）」と呼ぶ
- アトリビュートやメソッドをクラスの内部だけで利用し、外部から利用できないよう隠蔽することをカプセル化と呼び、先頭に「_（アンダースコア）」を2つ付けることで「カプセル化」する
- 「_（アンダースコア）」を1つだけ付けた場合は、慣習的にクラス内でのみで参照、または使用されるものになる

3-3 文字列操作（オブジェクト、イテレータ／ジェネレーター）

文字列もオブジェクトの1つです。文字列を操作するさまざまなメソッドが備わっています。前章で、文字列の連結／繰り返し／抽出といった基本的な操作を解説しましたが、今回紹介するメソッドを使用することで、さらに柔軟に文字列を操作できるようになります。

3-3-1 文字列の分割

split( )メソッドを使用すると、指定した区切り文字で文字列を分割したものをリストで返します。文字列オブジェクトstringに対して、次のような構文でsplit( )メソッドを使用します。

・分割数を指定しない場合

string.split(**区切り文字**)

・分割数を指定する場合

string.split(**区切り文字, 分割数**)

Pythonインタープリターを起動し、次のように入力して実行してみましょう。

```
>>> string = "It is fine today." ↵
>>> string.split(" ") ↵
['It', 'is', 'fine', 'today.']
```

分割数を制限する場合は、次のように記述します。

```
>>> string.split(" ",2) ↵
['It', 'is', 'fine today.']
```

string.split(" ",2)で分割回数を2回に制限することで、末尾のfine today.は分割されなくなりました。なお、第2引数に指定しているのは**分割回数**です。分割する個数ではない点に注意してください。

split( )メソッドは、文字列の先頭（左側）から一致する文字を検索するメソッドです。末尾（右側）から一致する文字列を検索する場合は、rsplit( )メソッドを使用します。

・分割数を指定しない場合

string.rsplit(**区切り文字**)

・分割数を指定する場合

string.rsplit(**区切り文字 , 分割数**)

Pythonインタープリターを起動し、次のように入力して実行してみましょう。

```
>>> string = "It is fine today." ↵
>>> string.rsplit(" ") ↵
['It', 'is', 'fine', 'today.']
>>> string.rsplit(" ",2) ↵
['It is', 'fine', 'today.']
```

3-3-2 リストを結合して文字列を生成

join( )メソッドを使用すると、split( )メソッドとは逆の処理を行うことができ、リスト中の文字列を区切り文字で結合した新たな文字列を返します。

シーケンス中の要素（文字列）を、区切り文字（string）で連結するには次のように記述します。

string.join(**シーケンス**)

Pythonインタープリターを起動し、次のように入力して実行してみましょう。

```
>>> alist = ["あ","い","う","え","お"]
>>> string = " "
>>> string.join(alist)
'あ い う え お'   スペース文字を区切り文字として結合
```

```
>>> string = ":"
>>> string.join(alist)
'あ:い:う:え:お'   区切り文字「:」で結合
```

3-3-3 先頭／末尾の文字列を削除

`strip( )`メソッドを使用すると、文字列の先頭と末尾から指定した文字を削除した新たな文字列を返します。文字を指定しない場合は空白文字（スペース、タブ）を削除します。

・先頭や末尾の空白文字を削除する場合

`string.strip( )`

・先頭や末尾の指定した文字を削除する場合

`string.strip(`**文字**`)`

Pythonインタープリターを起動し、次のように入力して実行してみましょう。

```
>>> string = "    It is fine today.    "   前後にスペース文字4個を挿入
>>> string.strip()
'It is fine today.'
```

前後に挿入されていたスペース文字が削除された文字列が返されているのがわかります。文字列の先頭(左側)のみを対象に同様の処理を行う`lstrip( )`メソッドや、末尾のみを対象とする`rstrip( )`メソッドも利用できます。

・先頭の文字を削除する場合

string.lstrip( )または string.lstrip(**削除する文字列**)

・末尾の文字を削除する場合

string.rstrip( )または string.rstrip(**削除する文字列**)

文字列は変更不可能なオブジェクトです。そのため strip( ) メソッドを実行しても元の文字列は変更されません。

```
>>> string = "    It is fine today.    " ↵   前後にスペース文字4個を挿入
>>> string.strip() ↵
'It is fine today.'   前後の空白文字が削除された文字列が返される
>>> string ↵
'    It is fine today.   元のstringはそのままスペース文字4個を含んだまま
```

元の文字列を置き換えるには、次のように再代入します。

```
>>> string = "    It is fine today.    " ↵   前後にスペース文字4個を挿入
>>> string = string.strip() ↵   前後の空白文字を削除したものをstringに代入
>>> string ↵
'It is fine today.'   元のstringが改変されスペース文字が削除される
```

3-3-4 文字列の置換

replace( ) メソッドを使用すると、指定の文字列を置換した新たな文字列を返します。置換する回数を指定することもできますが、置換回数を指定しない場合は、すべて置換されます。

・置換回数を指定する場合

string.replace(**置換される文字列，置換する文字列**)

・置換回数を指定する場合

string.replace(**置換される文字列，置換する文字列，置換回数**)

Pythonインタープリターを起動し、次のように実行してみましょう。

```
>>> string = "It is fine today."
>>> string.replace("fine","rainy")
'It is rainy today.'
```

「fine」が「rainy」に置き換えられた新たな文字列が返されます。文字列は変更不可能なオブジェクトです。そのためreplace( )メソッドを実行しても元の文字列は変更されません。元の文字列を置き換えるには、次のように再代入する必要があります。

```
>>> string = string.replace("fine","rainy")
```

3-3-5 アルファベットの大文字／小文字を変換

lower( )メソッドを使用すると、アルファベットの大文字を小文字に変換した新たな文字列を返します。またupper( )メソッドを使用すると、小文字を大文字に変換した新たな文字列を返します。

・アルファベットの大文字を小文字に変換する場合

string.lower( )

・アルファベットの小文字を大文字に変換する場合

string.upper( )

Pythonインタープリターを起動し、次のように実行してみましょう。

```
>>> string = "ABCDE" ↵
>>> string.lower() ↵
'abcde'
```

```
>>> string = "abcde" ↵
>>> string.upper() ↵
'ABCDE'
```

文字列は変更不可能なオブジェクトです。そのためlower( )／upper( )メソッドを実行しても元の文字列は変更されません。元の文字列を置き換えるには、次のように再代入する必要があります。

```
>>> string = string.lower() ↵
>>> string = string.upper() ↵
```

文字列操作（オブジェクト、イテレータ／ジェネレーター）のまとめ

- 文字列オブジェクトには、文字列を操作するためのメソッドが備わっている
- split( )メソッドを使用すると、文字列を指定した区切り文字で分割したものをリストで返す
- join( )メソッドを使用すると、split( )メソッドとは逆の処理を行うことができ、リスト中の文字列を区切り文字で結合した新たな文字列を返す
- strip( )メソッドを使用すると、文字列の先頭と末尾から指定した文字を削除した新たな文字列を返す
- replace( )メソッドを使用すると、指定の文字列を置換した新たな文字列を返す
- lower( )メソッドを使用すると、アルファベットの大文字を小文字に変換した新たな文字列を返す
- upper( )メソッドを使用すると、小文字を大文字に変換した新たな文字列を返す
- メソッドで文字列を操作しても元の文字列は置き換わらない

3-4 正規表現

ここでは、Pythonで正規表現を使用する方法について解説します。文字列オブジェクトには、文字列を操作するメソッドがありますが、単純な文字の組み合わせしか検索や置換の条件に指定することができません。大文字／小文字、部分一致など、検索条件を柔軟に組み立てる際には、正規表現を使用します。

3-4-1 Pythonでの正規表現の利用

3-3で解説した文字列オブジェクトは、`strip( )`／`split( )`／`replace( )`などのメソッドを使って文字列を操作できますが、置き換える文字列や区切り文字など、単純な文字列しか引数に指定できません。

たとえば、`split("a")`は「a」にマッチした個所で文字列を分割しますが、大文字の「A」にはマッチしません。よって大文字の「A」をマッチさせたい場合は、string.split("A")を実行する必要があります。

また、「string.replace("AD2017","西暦2017年")」は、「AD2017」を「西暦2017年」に置き換えることはできますが、「AD1970」を「西暦1970年」に置き換えるようなことはできません。

このような「a」にも「A」にもマッチさせたい場合や、「AD<数字4桁>」を「西暦<数字4桁>年」に置きかえたい場合など、柔軟性の高い文字列パターンを指定するには、**正規表現**を用います。

正規表現とは、文字列の並びやパターンを表現するものです。Pythonに限らず、他のプログラミング言語でも利用されており、**メタ文字**（プログラム上、特殊な意味を持つ文字）や「\（バックスラッシュ）」で始まる**特殊シーケンス**を使って表現します。なお「\（バックスラッシュ）」は、Windowsキーボードでは「\（円）」キーを、Macキーボードでは「option」キーを押しながら「¥」キーを押すことで入力できます。

3-4-2 正規表現を使ったPythonスクリプトの例

Pythonで正規表現を使用する場合は、**reモジュール**を使用します。モジュールについては4章で解説しますが、ここでは「モジュールを使用する際はプログラムのソースコード1行目に`import re`と追加する」とだけ押さえておきましょう。

```
import re    reモジュールの読み込み
```

`re`モジュールを読み込むことによって、正規表現を使用した文字列の検索／置換／連結／分割などの処理が可能になります。具体的な使用例を見ていきましょう。

```
src_str = "abcdefgABCDEFG"    置き換える前の文字列
dst_str = src_str.replace("a","1")
print(dst_str)
```

上記例では、置き換える対象である文字「a」とそれが置き換えられる文字「1」を引数に、文字列オブジェクト`re.replace( )`メソッドを実行しています。これを実行すると、次のように表示されます。

```
1bcdefgABCDEFG
```

「a」が「1」に置き換わっていますが、大文字である「A」はマッチしないためそのまま残っています。

次はreモジュールを読み込み、正規表現を使って文字列の置き換えをしてみましょう。正規表現を使って、「a」と「A」を「1」に置き換える具体例を見てみましょう。

リスト3-8 ▶ sample3-4-1.py

```
import re                                    reモジュールの読み込み

src_str = "abcdefgABCDEFG"                   置き換える前の文字列
pattern = r"[aA]"                            置き換えられる文字列のパターン
dst_str = re.sub(pattern, "1", src_str)
```

```
06 print(dst_str)
```

1行目でreモジュールを読み込んでいます。3行目で元の文字列（src_str）を定義し、4行目で置き換えれる文字列のパターンを正規表現を使って指定しています。

正規表現では「\（バックスラッシュ）」を使った特殊シーケンスを多用するため、「r"文字列"」というように、「r」を付けてraw文字列を使用するようにします。文字列パターンを「r"[aA]"」とした場合、「a」にも「A」にも一致する文字を指定することを表します。5行目でreモジュールのsub( )メソッドを実行し、文字列を置き換えています。

re.sub( )メソッドの構文は次の通りです。

```
re.sub(置換される文字列のパターン, 置換する文字列, 元の文字列)
```

re.sub( )メソッドによって置き換えられた文字列を「dst_str」に代入し、6行目でprint( )を使って文字列を表示しています。

それでは、リスト3-8を保存してPythonスクリプトとして実行してみましょう。結果は次のように表示されます。

```
> python sample3-4-1.py ↵
1bcdefg1BCDEFG
```

小文字の「a」も大文字の「A」も「1」に置き換わっていることがわかります。

このように、正規表現を使うことで自由度の高い、文字列パターンを指定できるようになります。

3-4-3 正規表現を使った文字列の置き換え

正規表現を使って文字列を置き換える方法として、3-4-2ではre.sub( )メソッドを紹介しました。re.sub( )メソッドには、先ほど紹介した構文の他に、置き換える回数や、正規表現を使った検索方法をさらに細かく指定することができるフラグを引数として追加することができます。

・置き換える回数を指定

re.sub(**置換される文字列のパターン， 置換する文字列， 元の文字列， 置き換える回数**)・

・正規表現の検索オプションを指定

re.sub(**置換される文字列のパターン，置換する文字列，元の文字列，置き換える回数，フラグ**)

置き換える回数とは、置換される文字列パターンの最大出現回数です。0を指定した場合や省略した場合は、文字列パターンに一致したものすべてを置換します。回数を指定すると、その回数分だけ先頭から置き換えます。たとえば、リスト3-8を次のように書き換えてみましょう(**リスト3-9**)。

リスト3-9 ▶ sample3-4-2.py

```
import re                                  # reモジュールの読み込み

src_str = "abcdefgABCDEFG"                 # 置き換える前の文字列
pattern = r"[aA]"                          # 置き換えられる文字列のパターン
dst_str = re.sub(pattern, "1", src_str, 1) # 第4引数に「1」を追加
print(dst_str)
```

リスト3-9を保存して実行すると、次のように表示され、最初の「a」だけ「1」に置き換わっていますが、次の「A」はそのまま残っています。これは第4引数に「1」を追加したことで、1回だけ置き換えるように制限したためです。

```
> python sample3-4-2.py ↵
1bcdefgABCDEFG
```

正規表現を使って検索方法を細かく指定する**フラグ**には、英字の大文字／小文字を区別しない「re.I」や、複数行に一致する「re.M」などがあります。たとえば、先ほどのPythonスクリプトを次のように書き換えてみましょう(**リスト3-10**)。

リスト3-10 ▶ sample3-4-3.py

```
import re                                     reモジュールの読み込み

src_str = "abcdefgABCDEFG"                    置き換える前の文字列
pattern = r"[a]"                              置き換えられる文字列のパターン
dst_str = re.sub(pattern, "1", src_str, 0, re.I)
                                              第4引数を「0」に変更し、第5引数に「re.I」追加
print(dst_str)
```

リスト3-10を保存して実行すると、次のように表示されます。

```
> python sample3-4-3.py ↵
1bcdefg1BCDEFG
```

文字列パターンとしては「a」としか指定していないにもかかわらず、最初の「a」にも次の「A」にもマッチしていて、それらが「1」に置き換わっているのがわかります。これは`re.sub( )`メソッドの第5引数に「re.I」を追加しており、正規表現の検索オプションとして、「英字の大文字／小文字を区別しない」ようにしているためです。

3-4-4 正規表現を使った文字列の分割

正規表現を使って文字列を分割するには、`re.split( )`メソッドを使用します。分割した文字列はリストで返されます。次のような構文で`re.split( )`メソッドを使用します。

```
re.split(区切り文字列のパターン, 元の文字列)
```

リスト3-11を使って、`re.split( )`メソッドを解説していきます。

リスト3-11 ▶ sample3-4-4.py

```
import re                                     reモジュールの読み込み

```

```
src_str = "Words, words, words."   分割される前の文字列
pattern = r"\s+"                   区切り文字列のパターン
dst_list = re.split(pattern, src_str)
print(dst_list)
```


置き換える前の文字列として、スペース文字を含んだ文字列を用意します。正規表現で検索する文字列パターンに「\s+」と指定し、1文字以上の空白文字（スペース文字やタブ文字）にマッチするようにします。「\s」は空白文字、「+」は1文字以上を意味する正規表現です。

`re.split( )` メソッドを実行すると、指定した文字列パターンを区切り文字に、元の文字列「(Words, words, words.)」を分割したものをリストで返します。それを「dst_list」に代入し、`print(dst_list)` を実行することで、リストの中身を表示します。

リスト3-11を保存して実行すると、次のように表示されます。

```
> python sample3-4-4.py ↵
['Words,', 'words,', 'words.']
```

スペース文字を区切り文字に、各単語が分割され、リストに格納されているのがわかります。

先ほど挙げた構文では、正規表現にマッチするたびに分割しますが、`re.sub( )` メソッドと同じように「置き換える回数」や、正規表現を使った検索方法を細かく指定する「フラグ」を引数に追加することもできます。

```
re.split(区切り文字列のパターン, 元の文字列, 分割回数, フラグ)
```

3-4-5 正規表現を使った文字列の検索

正規表現を使って文字列を検索するには、**表3-1**にあるメソッドを利用します。

表3-1 ▶正規表現を使った文字列検索メソッド

メソッド	説明
re.match( )	文字列の先頭で正規表現で指定したパターンと一致するオブジェクトを返す
re.search( )	正規表現で指定したパターンと一致する最初の場所を探して、対応するオブジェクトを返す
re.findall( )	正規表現で指定したパターンと一致する部分文字列をすべて探しだしリスト型で返す
re.finditer( )	正規表現で指定したパターンと一致する部分文字列をすべて探しだしイテレーター型で返す

引数の指定方法は、どのメソッドも似ています。これは、`re.findall( )`メソッドを例に正規表現を使った文字列検索の方法を解説します。

`re.findall( )`メソッドは次のような構文で使用します。

```
re.findall(検索文字列パターン, 対象文字列)
```

リスト3-11を例に、`re.findall( )`メソッドについて解説します。

リスト3-11 ▶ sample3-4-5.py

```
import re

string = "It is fine today."
pattern = r"[a-zA-Z]+"
match_list = re.findall(pattern,string)
print(match_list)
```

検索される文字列として、スペース文字を含んだ文字列を用意します。正規表現で検索する文字列パターンに**「[a-zA-Z]+」と指定することで、1文字以上のアルファベット小文字／大文字にマッチ**するようにしています。「[a-zA-Z]」は、「a～z」と「A～Z」(すなわちアルファベット小文字／大文字)を、「+」は1文字以上を意味する正規表現です。

`re.findall( )`メソッドを実行すると、指定した文字列パターンに一致する文字列を、検索対象文字列(「It is fine today.」)から検索し、一致したものをリストで返します。それを「match_list」に代入し、`print(match_list)`を実行することで、リストの中身を表示しています。

リスト3-11を保存して実行すると、次のように表示されます。

```
> python sample3-4-5.py ↵
['It', 'is', 'fine', 'today']
```

各単語が分割され、リストに格納されていることがわかります。

3-4-6 事前コンパイル

正規表現を使う際、同じ文字列パターンで検索や置換を繰り返すことがあります。その都度、正規表現の文字列パターンをコンパイルすることになり非効率です。

同じ文字列パターンを繰り返し利用する場合は、re.compile( )メソッドを実行し、正規表現の文字列パターンを事前コンパイルしてパターンオブジェクトを生成しておくと、実行速度の面で有利になります。

次のような構文でre.compile( )メソッドを使用します。

```
re.compile(文字列のパターン)
```

re.findall( )メソッドの解説で使用したリスト3-11を、事前コンパイルを使って書き直すと、次のようになります(**リスト3-12**)。

リスト3-12 ▶ sample3-4-6.py

```
import re

string = "It is fine today."
pattern = re.compile(r"[a-zA-Z]+")
match_list = pattern.findall(string)
print(match_list)
```

re.compile( )メソッドの引数に正規表現を使った文字列パターンを指定し、事前にパターンオブジェクトを生成して「pattern」に代入しています。

リスト3-11では、re.findall( )メソッドの引数に、直接文字列パターンを指定しましたが、事前コンパイルでは、パターンオブジェクトのfindall( )メソッドを利用します。

引数には検索対象の文字列を指定します。リスト3-11と同様に、一致したものがリストで返され、「match_list」に代入されているのがわかります。

リスト3-12を保存して実行すると、次の検索結果が表示されます。

```
> python sample3-4-6.py ↵
['It', 'is', 'fine', 'today']
```

事前コンパイルの有効性

一度しかfindall( )メソッドが呼び出されない例では、事前コンパイルのメリットはありません。それではどのようなケースでメリットがあるのでしょうか。100万回の文字列検索を実行する際に、事前コンパイルを利用しない場合と、利用した場合とで実行速度を比較する例で確認していきましょう。

事前コンパイルを利用せず、re.findall( )メソッドを使って、検索を行うPythonスクリプトは次のようになります（**リスト3-13**）。

リスト3-13 ▶ sample3-4-7.py

```
import re

string = "It is fine today."
pattern = r"[a-zA-Z0-9]+"
for count in range(1000000):
    match_list = re.findall(pattern,string+str(count))
```

リスト3-13を事前コンパイルを使って書き直すと次のようになります（**リスト3-14**）。

リスト3-14 ▶ sample3-4-8.py

```
import re

string = "It is fine today."
pattern = re.compile(r"[a-zA-Z0-9]+")
```

```
for count in range(1000000):
    match_list = pattern.findall(string+str(count))
```

2つのプログラムの実行時間を比較してみましょう。macOSでは、`time`コマンドを使うことでPythonスクリプトの実行時間を計測できます。

次の例で確認すると、事前コンパイルなし（sample3-4-7.py）よりも、事前コンパイルあり（sample3-4-8.py）の方が実行時間を短いことがわかります。

```
> time python sample3-4-7.py ↵    事前コンパイルなし
python sample_class3-4-7.py  2.25s user 0.03s system 95% cpu 2.379
total
```

```
> time python sample3-4-8.py ↵    事前コンパイルあり
python sample_class3-4-8.py  1.74s user 0.03s system 98% cpu 1.798
total
```

なお、WindowsでPythonスクリプトの実行時間を計測するには、スタートメニューのアプリ一覧から「Anaconda3」-「Anaconda Powershell Prompt(anaconda3)」を開き、次のようにPythonスクリプトを実行します。

```
> Measure-Command {python sample3-4-7.py} ↵
Days              : 0
Hours             : 0
Minutes           : 0
Seconds           : 15
Milliseconds      : 670
Ticks             : 156709927
TotalDays         : 0.000181377230324074
TotalHours        : 0.00435305352777778
TotalMinutes      : 0.261183211666667
TotalSeconds      : 15.6709927
TotalMilliseconds : 15670.9927
```

検索フラグ

パターンオブジェクトを作成する際に、正規表現を使った検索方法を細かく指定するフラグを引数に追加して、re.compile( )メソッドを実行することもできます。

```
re.compile(文字列のパターン, フラグ)
```

たとえば、フラグとして「re.I」を指定した場合、正規表現の検索オプションとして、「英字の大文字／小文字を区別しない」が有効になります。次の2つの例は同じように動作します。

```
re.compile(r"[a-zA-Z]+")
```

```
re.compile(r"[a-z]+", re.I)
```

どちらを実行しても、アルファベット小文字（a～z）と、アルファベット大文字（A～Z）にマッチするパターンオブジェクトを生成します。

3-4-7 raw文字列

文字列パターンを指定する際に「r」を付けて、「r"パターン文字列"」とするよう解説しました。これは**raw文字列**と呼ばれるもので、「" "」の中の文字列は、単なる文字列として解釈されます。そのため特殊な意味を持つ「\n（改行の意味）」などのエスケープシーケンスも、文字「\」と文字「n」を組み合わせたものとして扱います。なお「\（バックスラッシュ）」は、Windowsキーボードでは「\（円）」キーを、Macキーボードでは「option」キーを押しながら「¥」キーを押すことで入力できます。

「abc\ndef」を文字列として扱った場合と、raw文字列として扱った場合で比較してみましょう。

```
>>> print("abc\ndef") ↵        文字列としてprint
abc
def
```

```
>>> print(r"abc\ndef") ↵    raw文字列としてprint
abc\ndef
```

文字列では「\n」を改行と認識していますが、「r」を付けてraw文字列として定義した場合は、通常の文字として解釈しているのがわかります。

正規表現の文字列パターンを定義する際、実はraw文字列を使わなくても、たいていは動作しますが、「\（バックスラッシュ）」を用いるようなエスケープシーケンスを使って文字列パターンを指定する際にraw文字列を用いることで、バックスラッシュをそのまま扱えるようになり便利です。

3-4-8 正規表現で使用するメタ文字

正規表現では、**メタ文字**と呼ばれる文字を組み合わせて文字列パターンを表現します。代表的なものとして**表3-2**に挙げた文字を使用します。

表3-2 ▶ 正規表現で使用するメタ文字

メタ文字	説明
\	直後の文字をエスケープ
^	先頭にマッチ
.	改行を除く任意の1文字
$	末尾にマッチ
¦	選択
*	0回以上の繰り返し
+	1回以上の繰り返し
?	0回または1回
{m}	m回の繰り返し
{m,n}	m～n回の繰り返し

3-4-9 正規表現で使用する文字クラス

文字クラスはマッチしたい文字の集合です。[...]で文字クラスを指定します。たとえば[abcd]は a/b/c/dのどの文字列にもマッチします。2つの文字を「**-（ハイフン）**」でつなげて、文字を範囲で指定した[a-d]も同等です。

なおメタ文字は文字クラスの内部では無効です。たとえば、[akm$] は a/k/m、または「$」文字にマッチします。「$」は文字列の末尾にマッチするメタ文字ですが、文字クラス内部では単なる文字列として扱います。

補集合を表す場合、「^（ハット）」を使って[^a-d]とします。これでa〜d以外の文字を表すことができます。

表3-3 ▶正規表現で使用する文字クラス

文字クラス	説明
[a-z]	英小文字のいずれか1文字にマッチ
[A-Z]	英大文字のいずれか1文字にマッチ
[0-9]	数字1文字にマッチ
[a-zA-Z0-9]	英数字のいずれか1文字にマッチ
[^a-zA-Z]	英字以外にマッチ
[^0-9]	数字以外にマッチ

3-4-10 正規表現で使用する特殊シーケンス

Pythonでは、ひんぱんに使用される数字や英数字を表現する正規表現のパターンを、「\（バックスラッシュ）」で始まる**特殊シーケンス**によって定義しています（**表3-4**）。

表3-4 ▶正規表現で使用する特殊シーケンス

特殊シーケンス	説明
\d	任意の数字
\D	任意の数字以外
\s	任意の空白文字
\S	任意の空白文字以外
\w	任意の英数字
\W	任意の英数字以外
\A	文字列の先頭
\Z	文字列の末尾

3-4-11 フラグ

正規表現を使った検索方法を細かく指定するには、引数やオプションに**フラグ**を指定します。フラグの指定方法には、長い名前を使ったものと短い名前を使ったものの2通りがあります。

たとえば、「re.I」フラグ（3-4-6参照）を長い名前で指定すると、「re.IGNORECASE」になります。複数のフラグを指定するには、「|（パイプ）」を使って`re.I | re.M`のように記述して指定します。

表3-5 ▶ フラグ

フラグ	説明
re.ASCII または re.A	\w, \b, \s, そして \d などをそれぞれのプロパティをもつ ASCII 文字だけにマッチする
re.DOTALL または re.S	. を改行を含む任意の文字にマッチする
re.IGNORECASE または re.I	大文字小文字を区別しない
re.LOCALE または re.L	ロケールに対応したマッチを行う
re.MULTILINE または re.M	^ や $ に作用して、複数行にマッチする
re.VERBOSE または re.X	冗長な正規表現を利用できるようにする

3-4-12 日本語の扱い方

Pythonの正規表現で日本語を扱うことができます。正規表現パターンをUnicode（ユニコード）に変換して使用しますが、Pythonバージョン3では、デフォルトのエンコードが**UTF-8**となっているため、わざわざ変換する必要はありません（**リスト3-15**）。

リスト3-15 ▶ sample3-4-9.py

```
import re

src_str = "あいうえおあいうえお"    置き換える前の文字列
pattern = r"^あ"                  置き換えられる文字列のパターン
dst_str = re.sub(pattern, "亜", src_str)
print(dst_str)
```

リスト3-15では、`re.sub( )`メソッドを使って日本語文字列を日本語の文字列パターンで検索し置き換えています。「pattern = r"^あ"」と定義し、文字列のパターンとして、先頭の「あ」を指定しています。そのため、文字列の中にある「あ」は置き換わっていません。

リスト3-15を保存して実行すると、次のような結果になります。

```
> python sample3-4-9.py ↵
亜いうえおあいうえお
```

また文字列パターンに指定できる日本語の文字クラスとして、**表3-6**に挙げたものがあります。

表3-6 ▶文字列パターンに指定できる日本語の文字クラス

文字クラス	説明
[ぁ-ん]	任意のひらがな
[ァ-ン]	任意のカタカナ
[ぁ-んァ-ン]	任意のひらがなとカタカナ
[一-龥]	任意の漢字

正規表現のまとめ

- Pythonで文字列を操作する際、より柔軟な条件で検索／置換するには正規表現を使用する
- Pythonで正規表現を使用する場合は、「reモジュール」を使用する
- 「reモジュール」を使用するには、ソースコード1行目に「import re」を記述する
- 正規表現を使って文字列の置き換えるには、re.sub( )メソッドを使用する
- 正規表現を使って文字列を分割するには、re.split( )メソッドを使用する
- 正規表現を使って文字列を検索するには、re.match( )、re.search( )、re.findall( )、re.finditer( )を使用する
- 正規表現の文字列パターンを事前コンパイルしておくと実行速度の面で有利
- 文字列パターンを正規表現で定義する際、「r」を付けて、「r"パターン文字列"」とする
- 正規表現では「メタ文字」と呼ばれる文字を組み合わせて文字列パターンを表現したり、文字の集合を表す「文字クラス」を使用したりする
- ひんぱんに使用される正規表現のパターンは、「\（バックスラッシュ）」で始まる「特殊シーケンス」によって定義されている
- 正規表現を使った検索方法を細かく指定するには、引数やオプションに「フラグ」を指定する
- Pythonバージョン3では、デフォルトのエンコードがUTF-8となっているため、日本語を使った正規表現も問題なく使用できる

CHAPTER 4

基本編

関数とモジュール

Pythonで関数を扱う方法を解説します。前章でPythonはオブジェクト指向型のプログラム言語だと説明しましたが、Pythonは関数型プログラミングの利点も取り入れています。関数はさまざまな処理を1つにまとめたものです。関数を使うことでPythonスクリプトをよりシンプルに書けるようになります。
今回は、関数とは何か、関数の呼び出し方や自身で定義する方法を、具体的なソースコードを使って解説していきます。

4-1 関数の基本

本章では、Pythonで「関数」を使えるようになるための「関数の基本」について解説します。Pythonはオブジェクト指向プログラミング言語の1つですが、関数型プログラミング言語のメリットも取り入れられています。たとえば、組み込み関数を使ったり、自身で関数を定義することなどが可能です。

4-1-1 関数の基本

さまざまな処理を機能（Function）として1つにまとまたものを**関数**と呼びます。Pythonでもこの関数を利用することができます。本書でも3章までにprint( )や、for文の中で繰り返しのためのオブジェクトを生成するためのrange( )などの組み込み関数（4-1-2参照）を使用してきました。

```
for count in range(10):
    print(count)
```

関数では引数を入力し、数値や文字列などのデータを戻り値として出力（または処理を実行）します。関数を使えば、さまざまな処理を1つにまとめることができるため、コードをシンプルに記述することができます。Pythonはオブジェクト指向型のプログラム言語ですが、これらのメリットがあるため、関数型プログラミング言語の利点も取り入れています。

print( )やrange( )のように、何の手続きもなく使用できる組み込み関数の他に、モジュール（4-3-1参照）という仕組みを使って呼び出せる関数など、Pythonには数多くの関数が用意されています。また関数は自分で定義することも可能です。

4-1-2 組み込み関数

Pythonには数多くの関数があらかじめ組み込まれており、特別な手続きをしなくても利用できる関数を**組み込み関数**と呼びます。**表4-1**はPythonの組み込み関数の一覧です。使い方などについては、https://docs.python.jp/3/library/functions.htmlを参照してください。

表4-1 ▶ Pythonの組み込み関数

組み込み関数				
abs()	dict()	help()	min()	setattr()
all()	dir()	hex()	next()	slice()
any()	divmod()	id()	object()	sorted()
ascii()	enumerate()	input()	oct()	staticmethod()
bin()	eval()	int()	open()	str()
bool()	exec()	isinstance()	ord()	sum()
bytearray()	filter()	issubclass()	pow()	super()
bytes()	float()	iter()	print()	tuple()
callable()	format()	len()	property()	type()
chr()	frozenset()	list()	range()	vars()
classmethod()	getattr()	locals()	repr()	zip()
compile()	globals()	map()	reversed()	__import__()
complex()	hasattr()	max()	round()	
delattr()	hash()	memoryview()	set()	

4-1-3 関数の呼び出し方

Pythonで関数を呼び出すには、関数名に「( )」を付けて記述します。引数が必要な場合は、( )の中に記述し、複数の引数を取る場合は「,(カンマ)」で区切って記述します。

```
関数名(引数1, 引数2, ...)
```

たとえば、10進数の数字を16進数に変換するhex( )関数を呼び出してみましょう。次のようにPythonインタープリターを起動し、引数として10進数の数字を入れてhex( )関数を呼び出すと、16進数化された値が返ってきます。

```
>>> hex(255)
'0xff'
>>> hex(65535)
'0xffff'
```

4-1-4 関数の引数

関数にデータを渡すことができます。これを**引数（ひきすう）**と呼びます。文字列なのか、整数なのか、小数なのか、他のオブジェクトなのか、どんな型を引数として渡すかは関数によって決まっており、個数も決められています。

引数を渡すには、関数を呼び出す際、( )の中に、数値や文字列などのデータを指定します。

引数に不適切なオブジェクトを指定するとエラーになります。たとえばhex( )関数の引数に指定できるのは整数（int）のみとなり、それ以外のオブジェクトが指定された場合は、**TypeErrorエラー**が発生します。インタープリターを起動して次のように実行してみると、TypeErrorエラーが発生することが確認できます。

```
>>> hex("Python")
Traceback (most recent call last):
  File "<stdin>", line 1, in <module>
TypeError: 'str' object cannot be interpreted as an integer
```

print( )関数では、引数が整数であっても小数であっても、文字列に変換しますが、Pythonでは通常、引数の型を自動的に変換しません。ここでhex( )関数で引数に整数を指定した場合と文字列を指定した場合とで振る舞いの違いについて見ていきましょう。

次の例では、引数として変数aが指定されていますが、変数aには整数が入っているので、hex( )関数は問題なく結果を出力しています。

```
>>> a = 12345
>>> hex(a)  引数に整数を指定
```

```
'0x3039''
```

次の例では、先ほどと同様に変数aが指定されていますが、変数aに「"12345"」と文字列が入っています。引数の型が異なるため、「TypeError: 'str' object cannot be interpreted as an integer」とエラーが表示されました。

```
>>> a = "12345" ⏎
>>> hex(a) ⏎                              引数に文字列を指定
Traceback (most recent call last):       エラーが発生
  File "<stdin>", line 1, in <module>
TypeError: 'str' object cannot be interpreted as an integer
```

また引数の数を間違っている場合もエラーが出力されます。`hex( )`関数の引数に指定できるのは1つだけですが、引数がなかったり、2つ以上の引数が指定された場合も、TypeErrorエラーが出力されます。

```
>>> hex(65535, 255) ⏎
Traceback (most recent call last):
  File "<stdin>", line 1, in <module>
TypeError: hex() takes exactly one argument (2 given)
```

関数によっては引数の個数が可変のものも存在します。たとえば、組み込み関数の中でも特にひんぱんに利用する`print( )`関数は、引数に複数の文字列が指定された場合は、スペース文字で連結した文字列を表示します。

```
>>> print("This", "is", "test.") ⏎
This is test.
```

また、「sep='区切り文字'」を引数に加えることで、文字を連結する際の区切り文字をデフォルトのスペース文字から変更することができるなど、処理の振る舞いを変えることもできます。

```
>>> print("This", "is", "test.",sep=':') ⏎
This:is:test.
```

引数は、入力データの他に処理内容のオプションとしても機能します。

4-1-5 関数の戻り値

関数は、処理結果をデータとして返すことができます。このときに返されるデータを**戻り値（もどりち）**と呼びます。どのような型のデータが返ってくるかは、関数によって決まっています。文字列なのか、整数なのか、小数なのか、それは関数次第です。

先ほど解説で使用したhex( )関数の戻り値は、先頭に「0x」が付いた英数小文字の文字列です。また指定された文字列を整数に変換するint( )関数の戻り値は整数です。

```
>>> hex(123456)
'0x1e240'    戻り値は文字列

>>> int("123456")
123456       戻り値は整数
```

関数によっては数値や文字列の他に、リストやタプル（2-2参照）などのコレクションを返すものもあります。また戻り値を返さず、単に処理を実行するだけのものもあります。たとえば、print( )関数は引数の値を表示しますが、戻り値を返すことはしません。関数が戻り値を返すかどうか、またどのような型の関数を返すかは関数次第なのです。

関数の基本のまとめ

- オブジェクト指向型プログラム言語のPythonでは、関数を使用できる
- 関数は引数を入力することで、数値や文字列などのデータを戻り値として出力する
- Pythonには、何の手続きも行わずに使用できる組み込み関数がある
- Pythonで関数を呼び出すには、関数名に( )を付け、関数に引数を渡すには、( )の中に、数値や文字列などのデータを指定する
- 関数を定義する際に、引数や戻り値の個数や型を定義できる
- 引数の型や個数が間違っているとエラーになる
- 関数は処理を行った結果をデータとして返すことができ、これを戻り値（もどりち）と呼ぶ

4-2 関数の定義

前パートで関数を使えるようになりました。本パートでは、自身で関数を定義する方法について解説します。関数を定義することができるようになることによって、Pythonプログラミングの生産性を確実に向上します。

4-2-1 関数の定義

自分で関数を作成することを「**関数を定義する**」と呼びます。Pythonで関数を定義するには、def文を使って次のように記述します。

```
def 関数名( ):
    処理1
    処理2
    ....
```

defの後ろに関数名を書き、末尾に「**:(コロン)**」を置きます。処理内容を記述する際には、インデント（スペース4文字分を挿入）を入れてブロックとしてまとめます。関数名には 英数小文字と「**_(アンダースコア)**」を使用します。

クラス名の最初はアルファベット大文字ではじめます。これによって、クラス名と関数名を区別しやすくなります。関数名を付ける場合は、処理内容が予想しやすい関数名を使うようにします。また、def文の前にはJavaなどで使われている、修飾子（public/private）は置く必要がありません。

それでは関数の定義を行うスクリプトを作成して確認していきましょう。あいさつ文を表示する関数を定義するスクリプトは、次のようになります（**リスト4-1**）。

リスト4-1 ▶ sample4-2-1.py

```
def print_greeting():
    greeting = "こんにちは。今日は良い天気ですね。"
    print(greeting)

print_greeting()
```

リスト4-1をファイルに保存して実行すると、次のように表示されます。

```
> python sample4-2-1.py ↵
こんにちは。今日は良い天気ですね。
```

関数を定義しておけば、毎回print( )関数であいさつ文を表示するようにしなくても、print_greeting( )関数を呼び出すだけで、処理が実行されるため便利です。

4-2-2 引数と戻り値の定義

自分で関数を定義する際に、引数を持たせたり、戻り値を返すようにするには、次のように記述します。

```
def 関数名(引数1, 引数2,...):
    処理1
    処理2
    ....
    return 戻り値
```

引数は関数名のあとにある( )の中で、引数名を記述して定義します。これで関数の中で引数名を変数として使用できるようになります。また引数を複数渡せるようにするには、「,(カンマ)」で区切って記述します。

関数から戻り値を返すには、関数定義ブロックの最後に**return文**を追加します。

リスト4-1を一部修正して、print_greeting( )関数に文字列を引数として渡し、処理した結果を文字列として返すようにしたのが**リスト4-2**です。

リスト4-2 ▶ sample4-2-2.py

```
def print_greeting(weather):
    greeting = "こんにちは。今日は" + weather + "ですね。"
    return greeting

print(print_greeting("晴れ"))
print(print_greeting("雨"))
print(print_greeting("曇り"))
```

リスト4-2では、`print_greeting( )`関数を修正し、引数として文字列を受け取るようにしています。受け取った文字列は「weather」変数に代入され、文字列「greeting」の一部として使用されます。

関数定義ブロックの最後で「return greeting」と記述することで、関数が呼び出された際に、戻り値としてgreetingを返すようにしています。

`print_greeting( )`関数を呼び出す際は、あいさつ文に挿入する文字列を引数として渡します。引数に渡す文字列を変えるだけで、あいさつ文を変えられるようになっています。

リスト4-2では、晴れ／雨／曇り、の3パターンのあいさつ文を表示するよう、3回`print_greeting( )`関数を実行しています。もし関数を定義せずに毎回あいさつ文を用意し表示するようにしていたら、ソースコードはさらに冗長になります。

`print_greeting( )`関数は、単に文字列を返すだけで、表示するような処理は行っていません。そのため`print( )`関数を使って、あいさつ文を表示するようにします。

リスト4-2をファイルとして保存し実行すると、次のように表示されます。

```
> python sample4-2-2.py ↵
こんにちは。今日は晴れですね。
こんにちは。今日は雨ですね。
こんにちは。今日は曇りですね。
```

Pythonでは、関数を定義する際、他のプログラミング言語のように**引数の型を指定したり、戻り値の型を宣言する必要はありません**。引数として渡されたデータの型が正しいか、戻り値として返したデータが正しいか、実行するたびにチェックしています。

4-2-3 さまざまな引数の定義

Pythonでは、引数にデフォルト値を設定したり、引数の個数を可変長にしたりすることができます。

関数の引数にデフォルト値を設定する

引数にデフォルト値を設定するには、次のように「**引数＝デフォルト値**」と指定します。

```
def 関数名(引数=デフォルト値):
    処理...
```

引数にデフォルト値を設定した`print_greeting( )`関数を定義し、この関数を使って、デフォルト値の設定について確認していきましょう。

次のprint_greeting( )関数は、引数として文字列を受け取るようにしていますが、デフォルト値が設定されているため(1行目)、引数を指定しないで実行することができます。引数を受け取った際は、引数の文字列を「weather」変数に代入して、文字列「greeting」の一部として使用します(2行目)。関数定義ブロック最後の「return greeting」で、関数が呼び出された際に、戻り値としてgreetingを返します(3行目)。

```
01 def print_greeting(weather="晴れ"):
02     greeting = "こんにちは。今日は" + weather + "ですね。"
03     return greeting
```

この関数を使って、次の2つのサンプルファイルを作成します(**リスト4-3〜4-4**)。リスト4-3は`print_greeting( )`関数の引数を指定しない場合、リスト4-4は「"雨"」という引数を指定した場合です。

リスト4-3 ▶ sample4-2-3.py

```
def print_greeting(weather="晴れ"):
    greeting = "こんにちは。今日は" + weather + "ですね。"
    return greeting
```

```
string = print_greeting()  引数なし
print(string)
```

リスト4-4 ▶ sample4-2-4.py

```
def print_greeting(weather="晴れ"):
    greeting = "こんにちは。今日は" + weather + "ですね。"
    return greeting

string = print_greeting("雨")  引数あり
print(string)
```


リスト4-3～4-4をファイルで保存して実行すると、次のようになります。

```
> python sample4-2-3.py ↵
こんにちは。今日は晴れですね。
```

```
> python sample4-2-4.py ↵
こんにちは。今日は雨ですね
```

引数が指定されていないリスト4-3では、デフォルトの「晴れ」が使われたあいさつ文が返され、引数が指定されているリスト4-4では、引数を組み入れたあいさつ文が表示されています。引数に「雨」が指定されているため、引数を組み入れた「…今日は雨ですね」があいさつ文として表示されています。

引数の個数を可変長にする

定義する関数の引数の数を1つだったり3つだったりと、変えられるようにするには、リストやタプルなどのシーケンス型の引数を使用します。これを行うには、引数名の前に「*（アスタリスク）」を付けます。

```
def 関数名(*引数名):
    処理...
```

次に示す引数の個数を可変長にしたprint_greeting( )関数を使って、確認していきましょう。

```
01 def print_greeting(*weather_list):
02     for weather in weather_list:
03         string = "こんにちは。今日は" + weather + "ですね。"
04         print(string)
```

2行目の引数「weather」の前に「*」を付いています。これによって引数の個数を可変長にしています。定義ブロック内では、for文を使って渡された引数の個数分、処理を実行しています。処理を実行すると、あいさつ文に組み入れてprint( )関数で表示します。

この関数を使って、次の3つのサンプルファイルを作成します(**リスト4-5～4-7**)。リスト4-5はprint_greeting( )関数の引数が1つの場合、リスト4-6は引数が3つの場合、リスト4-7は引数にリストを使用した場合です。

リスト4-5 ▶ sample4-2-5.py

```
def print_greeting(*weather_list):
    for weather in weather_list:
        string = "こんにちは。今日は" + weather + "ですね。"
        print(string)

print_greeting("雨")  引数が1個
```

リスト4-6 ▶ sample4-2-6.py

```
def print_greeting(*weather_list):
    for weather in weather_list:
        string = "こんにちは。今日は" + weather + "ですね。"
        print(string)
```

```

print_greeting("雨","晴れ","曇り")  引数が3個
```

リスト 4-7 ▶ sample4-2-7.py

```
def print_greeting(*weather_list):
    for weather in weather_list:
        string = "こんにちは。今日は" + weather + "ですね。"
        print(string)

w_list = ["雨","晴れ","曇り"]  引数にリストを使用
print_greeting(*w_list)
```

リスト4-5～4-7のファイルを保存して実行すると、次のように表示されます。

```
> python sample4-2-5.py ↵
こんにちは。今日は雨ですね。
```

```
> python sample4-2-6.py ↵
こんにちは。今日は雨ですね。
こんにちは。今日は晴れですね。
こんにちは。今日は曇りですね。
```

```
> python sample4-2-7.py ↵
こんにちは。今日は雨ですね。
こんにちは。今日は晴れですね。
こんにちは。今日は曇りですね。
```

3番目の実行方法のように、シーケンス型のオブジェクトを引数として渡す場合は、引数の前に「*」を付けるようにします。

4-2-4 ローカル変数

変数が値を保持する期間のことを変数の**スコープ**（または「有効範囲」）と呼びます。Pythonでは関数定義ブロック内で使用した変数は、関数を実行している間だけ有効な**ローカル変数**になります。引数も同様です。そのため関数の外でローカル変数を使おうとするとエラーが発生します。

前ページで使用した`print_greeting( )`関数を例に、関数内のローカル変数に、スコープ外からアクセスした場合のエラーを見てみましょう（**リスト4-8**）。

リスト4-8 ▶ sample4-2-8.py

```
def print_greeting(*weather_list):
    for weather in weather_list:
        string = "こんにちは。今日は" + weather + "ですね。"
        print(string)

print(string)
```

リスト4-8のファイルを保存して実行すると、次のように表示されます。

```
> python sample4-2-8.py ↵
Traceback (most recent call last):
File "<stdin>", line 1, in <module>
NameError: name 'string' is not defined
```

`print_greeting( )`関数を実行したあと、関数内ローカル変数の「string」を表示しようとすると、「NameError: name 'string' is not defined」が発生しているのがわかります。なお関数の実行が終了すると、ローカル変数は廃棄されます。

関数の定義のまとめ

- 関数を呼び出すと、関数で定義した処理を実行できる
- Pythonでは、関数定義ブロック内で使用した変数は、関数を実行している間のみ有効となる
- Pythonで関数を定義するにはdef文を使用する。defの後ろには関数名を記述し、末尾に:(コロン)を置く
- 引数は関数名のあとの( )の中で引数名を付けて定義する
- 引数を複数渡せるようにするには、,(カンマ)で区切って記述する
- 関数から戻り値を返すには、関数定義ブロックの最後にreturn文を追加する
- 引数にデフォルト値を設定したり、引数の個数を可変長にしたりすることができる

4-3 モジュールの基本

ここでは、モジュールを読み込む方法やモジュールを作成する方法など、Pythonにおけるモジュールの使い方について解説していきます。

4-3-1 モジュールとは

モジュール(module)とは、関数を定義しているコードをファイルとして保存し、他のPythonスクリプトから利用できるようにしたものです(**図4-1**)。

一度定義した関数を、別のPythonスクリプトでも利用したい場合、コピー&ペーストで毎回コードを貼り付けなくても、関数を定義しているコードをファイルに保存し、実行したいPythonスクリプトファイルから読み込めるようにしたのがモジュールで、これを利用することで再利用性が高まり、コーディングを効率よく進めることができます。

また自身で定義した関数以外にも、Pythonには便利な関数が多数用意されており、公開されているモジュールを読み込むことで、そうした関数を利用できるようになります。

図4-1 ▶モジュール

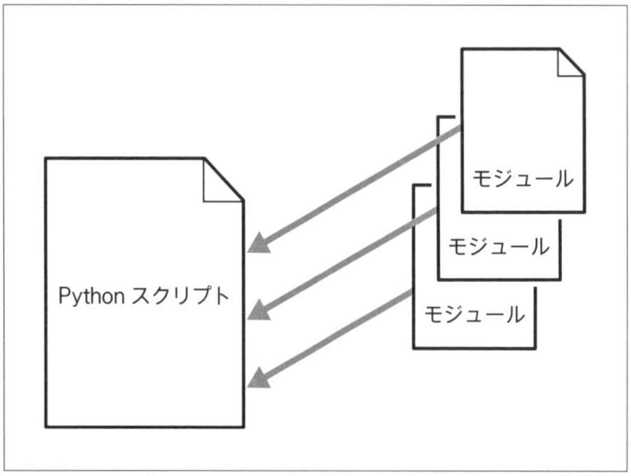

4-3-2 import文

Pythonでモジュールを読み込むには、**import文**を使用することは3-4で解説しました。モジュールを読み込むには、importの後にモジュール名を指定します。

```
import モジュール名
```


リスト4-9では、timeモジュールを読み込み、timeモジュールに含まれるsleep( )関数を使えるようにするスクリプトです。sleep( )関数を実行すると、引数に指定した秒数の間、処理を一時的に停止します。

リスト4-9 ▶ sample4-3-1.py

```
import time

print("プログラムスタート")
time.sleep(5)
print("5秒経過")
```

リスト4-9を保存して実行すると、次のように表示されます。

```
> python sample4-3-1.py ↵
プログラムスタート
5秒経過    5秒経ってから表示される
```

モジュールに含まれる関数を呼び出すには、モジュール名に続けて「.（ドット）」と**関数名**を記述します。リスト4-9では、timeモジュールに含まれるsleep( )関数を呼び出す際に、time.sleep(5)と記述しています。

```
モジュール名.関数名(引数1, 引数2,...)
```

3-4においても、import reでreモジュールを読み込んだ後、re.split( )やre.sub( )のように、「モジュール名.関数名()」とすることで、関数を呼び出していたことを思い出してください。

4-3-3 import～as～文

モジュールをimport文で読み込んだあと、モジュールに含まれる関数を呼び出すには、「モジュール名.関数名( )」と記述する必要があることは4-3-2で解説しました。ただ、モジュール名が長くなると、コードの可読性が悪くなってしまいます。そこでimport～as～文を使用すると、好きな名前を付けてモジュールを使えるようにすることができます。

```
import モジュール名 as 任意の名前
```

「as 任意の名前」は「任意の名前でモジュールを読み込む」という意味になります。これでモジュール名は一時的に短くしたり、わかりやすい名前に変えることができます。

たとえば、次のようなコードがあるとします。

通常のimport文を使ったコード

```
import statistics

m = statistics.mean([4.2, 2.8, 3.14, 5.85])   平均値を計算
print(m)
```

この中で数理統計のためのstatisticsモジュールを「s」と短縮したい場合は、次のように記述します。

import ...as ...文を使ったコード

```
import statistics as s

m = s.mean([4.2, 2.8, 3.14, 5.85])   関数の呼び出し方がシンプルになる
print(m)
```

モジュール名を短くすることによって、関数を呼び出す際も「s関数名( )」と短くすることができ、ソースコードの可読性が良くなり、タイプミスも少なくなります。

またモジュール名を変えたい場合、古いモジュール名でアクセスしている個所をすべて書き

換えなくても、次のようにimport文を変更するだけで、ソースコードの修正を完了させることができます。

```
import 新しいモジュール名 as 古いモジュール名
```

パッケージ(4-4参照)を使ってモジュールを読み込む際、モジュール名が冗長になるため、「import ...as ...」文が多用されます。

4-3-4 from～import～文

モジュールの中の特定の関数だけ読み込みたい場合は、from～import～文を使用します。

```
from モジュール名 import 関数
```

たとえば先ほど作成したリスト4-9を修正し、「from ... import ...」文を使って、timeモジュールの中のsleep( )関数を呼び出すようにしましょう。すると次のようなコードになります(**リスト4-10**)。

リスト4-10 ▶ sample4-3-2.py

```
01 from time import sleep
02
03 print("プログラムスタート")
04 sleep(5)
05 print("5秒経過")
```

1行目で「from time import sleep」とすることで、timeモジュールのsleep( )関数が使えるようになります。これでsleep( )以外の関数は読み込まなくなります。

sleep( )を呼び出す際は、**モジュール名付ける必要がなくなり**、4行目のようにsleep(5)とするだけです。なお、time.sleep(5)というようにモジュール名を付けると、「NameError: name 'time' is not defined」というエラーが発生するようになります。

リスト4-10のファイルを保存して実行すると、次のように表示されます。リスト4-9のときと同じ実行結果になっていることがわかります。

```
> python sample4-3-2.py
プログラムスタート
5秒経過  5秒経ってから表示される
```

なお、単に関数呼び出しを短くしたいだけであれば、ローカル変数に代入する方法があります。次のように、「**変数名 = モジュール.関数**」と変数に代入することで、単に変数名だけで関数を呼び出せるようになります。

```
import statistics

mean = statistics.mean
m = mean([4.3, 3.8, 3.34, 4.85])  平均値を計算
print(m)
```

Pythonスクリプトの中で同じ関数を複数回呼び出す際に、変数に代入する方法は便利です。`from～import～`文を使って、モジュールから特定の関数を読み込む方法は、単に関数呼び出しを簡単にするだけでなく、**モジュール中の他の関数にアクセスしなくて済む**というメリットもあります。

4-3-5 モジュールを作って読み込む

ここまでPython標準モジュールを使ってきましたが、自身でモジュールを作成してそれを読み込むこともできます。関数を定義して呼び出す例として4-2-2で使用したリスト4-2(sample4-2-2.py)をモジュール方式に書き換えてみましょう。

リスト4-2を関数定義部分と実行部分とに分け、それぞれファイルに保存します(**図4-2**)。

図4-2 ▶ モジュールを作って読み込む

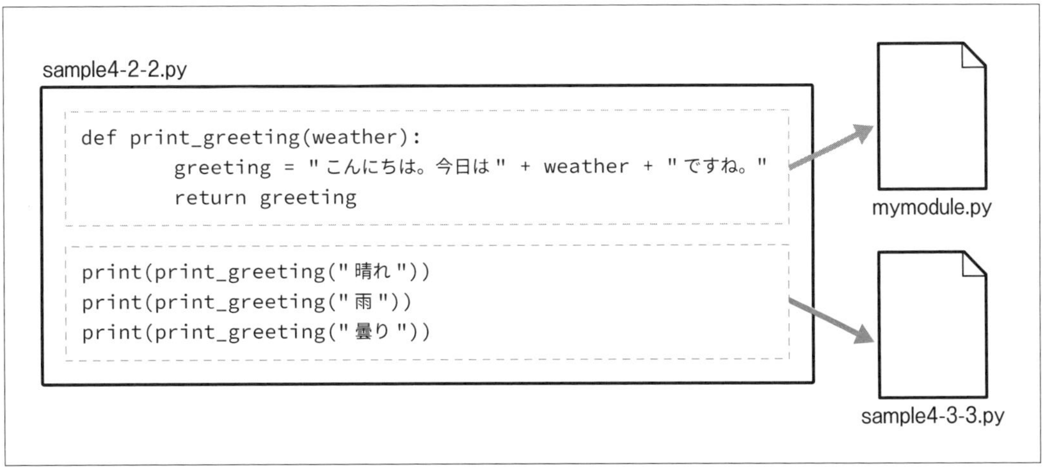

関数定義部分を保存したmy_module.pyがモジュールファイルになります（**リスト4-11**）。

リスト4-11 ▶ mymodule.py

```
def print_greeting(weather):
    greeting = "こんにちは。今日は" + weather + "ですね。"
    return greeting
```

ファイル名はそのままモジュール名になりますので、モジュール名として推奨されている**小文字アルファベットを使う**ようにしてください（推奨はされていませんが、「_（アンダースコア）」を使うことも可能です）。ファイル拡張子にはPythonスクリプトと同じ「.py」を使用します。

リスト4-2にも修正が必要です。まず1行目に「import mymodule」と記述します。次に関数の呼び出しを「モジュール名.関数名( )」となるようにします。リスト4-2（sample4-2-2.py）の名前を変更する必要はありませんが、ここでは、手を加えたことがわかるようにsample4-3-3.pyとファイル名を変更して話を進めます（**リスト4-12**）。

リスト4-12 ▶ sample4-3-3.py

```
01 import mymodule  追加
02
```

関数の呼び出しを「モジュール名.関数名( )」に変更

```
print(mymodule.print_greeting("晴れ"))
print(mymodule.print_greeting("雨"))
print(mymodule.print_greeting("曇り"))
```

mymodule.pyとリスト4-12（sample4-3-3.py）を同じディレクトリ（フォルダ）に保存します。ファイルやディレクトリの情報を表示するためには、macOSやLinuxではlsコマンド、Windowsではdirコマンドを使用します。

・Windowsの場合

```
> dir
C:\Users\gihyotaro のディレクトリ
2022/11/19  22:46    <DIR>          .
2022/11/19  22:46    <DIR>          ..
2022/11/19  22:44               121 module.py
2022/11/19  22:45               220 sample4-3-3.py
               2 個のファイル                 341 バイト
               2 個のディレクトリ  27,941,081,088 バイトの空き領域
```

・macOS／Linuxの場合

```
$ ls
mymodule.py  sample_func2.py
```

同じディレクトリ（フォルダ）に保存されていることが確認できたら、リスト4-12を実行します。

```
> python sample4-3-3.py
こんにちは。今日は晴れですね。
こんにちは。今日は雨ですね。
こんにちは。今日は曇りですね。
```

モジュール名とファイル名は同じになるため、古いMac OSやWindowsなどでは、大文字

小文字の区別を行わなかったり、長い名前を断ちきられてしまうことがあります。これを避けるため、ファイル名はすべて小文字とし、できるだけ短い名前にするようにしましょう。

4-3-6 モジュールをスクリプトとして実行する

モジュールには、関数定義以外に実行部分を記述することができます。4-3-5で使用したmymodule.pyを次のように修正してみましょう(**リスト4-13**)。

リスト4-13 ▶ mymodule.py (変更その1)

```
def print_greeting(weather):
    greeting = "こんにちは。今日は" + weather + "ですね。"
    return greeting

print("mymodule")
```

実行部分を追加

リスト4-13のように修正できたら、リスト4-12(sample4-3-3.py)を再度実行してみましょう。

```
> python sample4-3-3.py ↵
mymodule
こんにちは。今日は晴れですね。
こんにちは。今日は雨ですね。
こんにちは。今日は曇りですね。
```

新たに「mymodule」と表示されるようになっていることがわかります。モジュールに実行部分があった場合は、importした際に実行されるようになります。通常は変数の初期化などが行われますが、もともとPythonスクリプトとして作られたファイルをモジュール化した際などに、実行部分が残ることがあります。

Pythonスクリプトとして使用する場合は実行し、モジュールとして読み込む場合は実行しないようにするには、「if __name__ == "__main__":」を挿入します(**リスト4-14**)。

リスト4-14 ▶ mymodule.py（変更その2）

```
def print_greeting(weather):
    greeting = "こんにちは。今日は" + weather + "ですね。"
    return greeting

if __name__ == "__main__":
    print("mymodule")
```

追加

インデントしif文ブロック内に記述

`if __name__ == "__main__":`と記述することで、ファイルがPythonスクリプトとして実行されている場合のみ、`print("mymodule")`が実行されるようになります。Pythonスクリプトとして実行された場合は、`__name__`変数に`__main__`が代入されます。そのため`if`文で条件判定できるようになります。

これによって、`import`可能なモジュールにもPythonスクリプトにもすることができます。Pythonプログラミングの生産性を上げるには欠かせない手法です。

モジュールの基本のまとめ

- 関数を定義しているコードをファイルとして保存し、他のPythonスクリプトから利用できるようにしたのがモジュールである
- モジュールを読み込むことでさまざまな関数を利用できるようになる
- モジュールに含まれる関数を呼び出すには、「モジュール名.関数名( )」と記述する
- モジュールを自分で付けた名前で使いたい場合は、「import ...as ...」文を使用する
- モジュールの中の特定の関数のみを読み込みたい場合は、「from ... import ...」文を使用する
- ファイル名はそのままモジュール名となるため、ファイル名にはモジュール名として推奨されている小文字アルファベットを使うようにする
- モジュールの実行部分に「if __name__ == "__main__": 」を挿入することで、ファイルがPythonスクリプトとして実行されている場合のみ、実行部分が処理されるようになる

4-4 モジュールの探し方／インストール方法

モジュールを活用することで、高度な処理を行うコードを手軽に作成することができます。ただし、どのようなモジュールがあり、どのような関数があるのかを理解していないと、使いこなすことはできません。ここでは、Pythonモジュールの探し方や、新たなモジュールを追加する方法について身に付けておきましょう。

4-4-1 モジュール検索パス

`import`文で指定されたモジュールを読み込むとき、最初にPythonスクリプトを実行しているカレントディレクトリ（フォルダ）にあるモジュールを読み込もうとします。カレントディレクトリにモジュールがない場合は、次に環境変数の「**PYTHONPATH**」に設定されているパスを参照します。

このように、Pythonはモジュールを読み込む際は**モジュール検索パス**と呼ばれるパスにしたがい、モジュールを検索します。

同名のモジュールが存在する場合は、検索パスの優先順位にしたがいます。モジュール検索パスの優先順位は次の通りです。

①実行しているPythonスクリプトのあるディレクトリ、またはカレントディレクトリ
②環境変数「PYTHONPATH」に設定されているディレクトリ。設定されていなければスキップ
③標準ライブラリーのあるモジュールディレクトリ。Pythonのインストール方法によって異なり、Pythonのバージョンによってもパスが変わる（例：/usr/lib/python3.7）
④追加モジュールのためのフォルダ（例：/Library/Python/3.9/site-packages）

環境変数「PYTHONPATH」を確認するには、Windowsの場合、検索ボックスで「システムの詳細設定の表示」と入力して「システムのプロパティ」を開き、「詳細設定」タブに切り替えて

「環境変数」ボタンをクリックします(**図4-3**)。

図4-3 ▶ Windowsで環境変数を確認する

macOSやLinuxでは、次のように実行すると確認できます。

```
$ echo $PYTHONPATH
```

site-packagesディレクトリは標準ライブラリーのモジュールディレクトリ下にありますが、追加インストールしたサードパーティ製のモジュールを置くのに使われます。

実際にどんなモジュール検索パスが使われているのか、インタープリターを起動して確認してみましょう。

```
>>> import sys
>>> sys.path
['', '/Users/shin/opt/anaconda3/lib/python39.zip', '/Users/shin/opt/anaconda3/lib/python3.9', '/Users/shin/opt/anaconda3/lib/python3.9/lib-dynload', '/Users/shin/opt/anaconda3/lib/python3.9/site-packages', '/Users/shin/opt/anaconda3/lib/python3.9/site-packages/aeosa']
```

実際にパスの中にあるファイルを見れば、ファイル名から機能を類推することができます。

4-4-2 標準モジュール

Python標準ライブラリーのモジュール（以降、標準モジュール）は、モジュールの追加インストールをすることなく使用可能です。

標準モジュールを使うことによってコードの汎用性が高くなり、他の実行環境でも動作しやすくなります。たとえば、Linux上で作られたPythonスクリプトをWindows上でも動かせるようにするには、標準モジュールを使って汎用性を高めるようにします。

標準モジュールの一覧は、Python標準ライブラリ（https://docs.python.jp/3/library/index.html）で確認できます（**図4-4**）。

このページでは、テキスト処理サービス、バイナリデータ処理、数値と数学モジュールなど、カテゴリーごとに整理されているため、目的に合ったモジュールを素早く見つけることができます。

図4-4 ▶ Python標準ライブラリ

4-4-3 サードパーティモジュール

標準モジュール以外にも、個人やコミュニティーによって開発された便利なモジュールがあります。これらのサードパーティモジュールは、標準モジュールだけでは実現できない機能が数多く存在します。Gitのような公開リポジトリー上で配布されているものから、個人サイトで配布されているものまでさまざまですが、多くは無償で使用することができます。

サードパーティモジュールを検索するには、PyPI（the Python Package Indexの略、https://pypi.python.org）などのサイトを使用します（**図4-5**）。

図4-5 ▶ PyPI

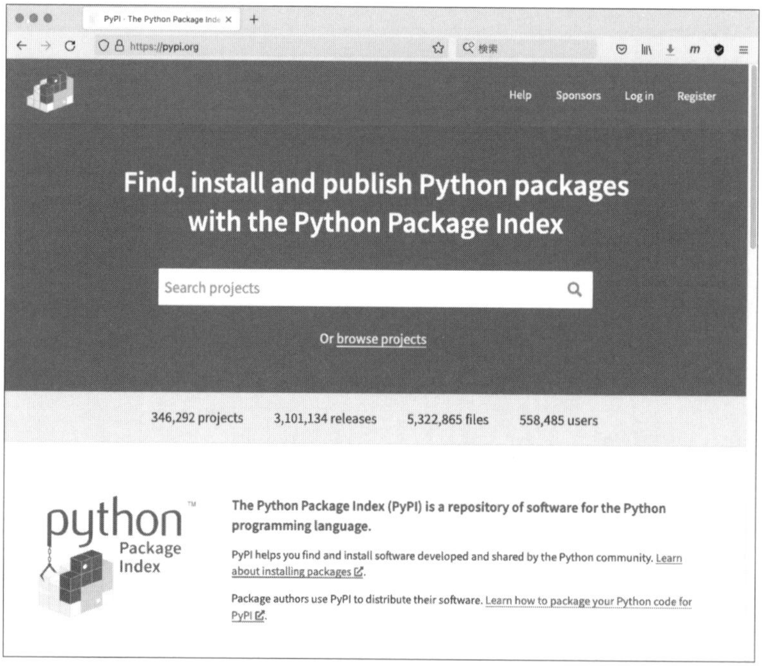

PyPIでモジュールを検索する場合は、たとえばキーワードとして「web analyze」と入力し「search」ボタンをクリックします。するとWebアクセス解析用のモジュールなど、多くのモジュールが一覧で表示されますので、求めているモジュールが見つかったら、モジュール名をクリックして詳細を確認します。

詳細ページでは、ソースコードのダウンロードやインストール方法などが確認できます。なお、モジュールを導入する際は、対応しているPythonのバージョンに注意してください。

4-4-4 モジュールのインストール

サードパーティモジュールをインストールするには、添付ドキュメントを参考にする必要がありますが、PyPI（4-4-3参照）に登録されているモジュールの多くは、pip（Pip Installs Packages または Pip Installs Python）と呼ばれる Python のパッケージ管理ユーティリティーによってオンラインでインストールできます。

pip

Python バージョン3.4以降であれば、pipがすぐ使用できます。なおモジュールによっては、さらに他のモジュールが必要になるケースがあります。そのような依存関係を解決する必要があるモジュールもありますが、pipは面倒な**依存関係**も自動で解決してくれるので、とても便利なツールです。

pipを使ったモジュールのインストールは、次のように実行します。

```
> pip install モジュール名 ↵
```

モジュールは通常は最新版がインストールされます。古いバージョンのモジュールが必要な場合は、モジュール名の後ろに「==バージョン名」を付けてインストールを実行します。

```
> pip install モジュール名==バージョン名 ↵
```

どのようなバージョンが存在しているのか調べたい場合は、「==」の後ろのバージョン名を省略すると、存在するバージョンの一覧を確認できます。

```
> pip install モジュール名== ↵
```

モジュールが不要になった場合は、pipで削除することもできます。

```
> pip uninstall モジュール名 ↵
```

インストール済みのパッケージ一覧を表示するには次のように実行します。

```
> pip list ↵
```

PyPI上のモジュールは、パッケージ名をキーワードにすることによってオンライン検索も可能です。

```
> pip search パッケージ名 ↵
```

conda

Anacondaを使ってPython実行環境をインストールしている場合は、condaコマンドを使ってモジュールをインストールします。condaコマンドでは、Anaconda社が管理しているリポジトリーからモジュールをダウンロードします。

condaを使ったモジュールのインストール／削除／確認は、次のように実行します。

```
・モジュールのインストール
conda install モジュール名 ↵

・バージョンを指定してインストール
conda install モジュール名==バージョン ↵

・モジュールの削除
conda uninstall モジュール名 ↵

・インストール済みパッケージ一覧の表示
conda list ↵

・パッケージ名によるオンライン検索
conda search パッケージ名 ↵
```

condaでインストールできないモジュールがある場合は、pipコマンドでPyPIリポジトリーからモジュールをインストールします。

4-4-5 パッケージ

Pythonのモジュールはファイルとして保存された、比較的小規模なライブラリーですが、大規模なライブラリーになると、複数のモジュールを階層構造にした**パッケージ**(package)」と呼ばれる形式が使われます(**図4-6**)。

パッケージを使うと、複数のモジュールを1つのパッケージの配下に納めることができます。モジュールはファイルに対応していますが、パッケージはディレクトリ(またはフォルダ)に対応したものとなり、ディレクトリ内にモジュールとなるファイルを保存します(**図4-7**)。

パッケージの中にあるモジュールは、ドット付きモジュール名を使って表します。たとえば、パッケージ「A」の中にあるモジュール「B」にアクセスするには、「A.B」とします。

Pythonでは階層構造を「.(ドット)」で区切って表現します。図4-6でモジュール「mymodule_a」にアクセスするには、「mypackage.mymodule_a」と記述し、さらにmymodule_a内で定義されている`my_func_a( )`関数を実行するには、「mypackage.mymodule_a.my_func_a( )」と記述する必要ががあります。

図4-6 ▶関数、クラス／モジュール／パッケージの関係

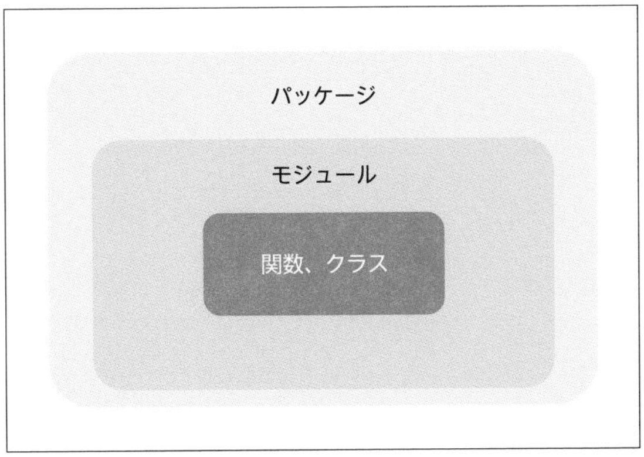

図4-7 ▶パッケージの構造

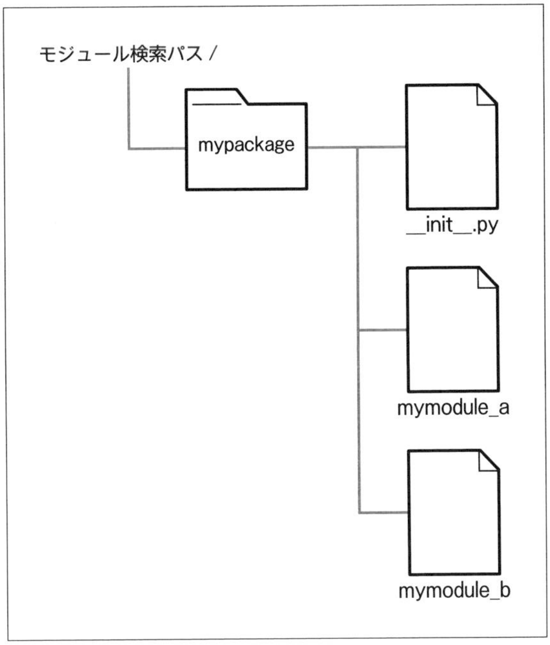


```
import パッケージ名.モジュール名
パッケージ名.モジュール名.関数名( )
```

パッケージを使用すると、関数の呼び出しが長くなります。そこで、4-3-4で解説した、import～as～文を使うことで短くすることができます。

```
import mypackage.mymodule_a as a
a.my_func_a()
```

なお、自身でパッケージを作成するには、パッケージ名でディレクトリ（またはフォルダ）を作成し、その中にモジュールファイルを配置します。その際、ディレクトリ内に__init__.pyというファイルも配置します。

__init__.pyにはパッケージを初期化するコードを記述したり、変数を設定したりしますが、ただの空ファイルでも構いません。ディレクトリ内に__init__.pyを置くことで、Pythonのパッケージとして利用することができます。なおパッケージを利用可能にするには、モジュール検索パスにパッケージを置くようにしてください。

モジュールの探し方／インストール方法のまとめ

- import文でモジュールを読み込む際は、モジュール検索パスにあるものを順に検索していく
- モジュール検索パスには優先順位があり、同名のモジュールが存在する場合は、検索パスの優先順位にしたがう
- Pythonの標準モジュールは、Pythonの実行環境が整っていれば、すぐに利用可能になる
- 個人やコミュニティーが開発しているサードパーティモジュールを使うことで、生産性を高めることができる
- PyPIでサードパーティモジュールを検索し、詳細を確認することができる
- 追加モジュールのインストールには、Pythonパッケージ管理ユーティリティー「pip」を利用する
- Anacondaを導入している場合は、「conda」を利用する
- モジュールファイルが複数になる場合は、ディレクトリに収めてパッケージ化する

CHAPTER 5

実践編

DjangoによるWebアプリケーション開発

「実践編」では、実際にPythonを使って、アプリや実用的なコードの作成について解説していきます。本章では、Pythonを使ってWebアプリケーションを開発する方法について解説していきます。まず、Web技術に関する基本について解説し、Webアプリケーションフレームワークの Django（ジャンゴ）を使用したWebアプリケーションの開発方法について解説します。

5-1 Webアプリケーションの仕組み

ここでは、Webアプリケーションの仕組みやデザインパターン、データベースについて理解を深めていき、最後に本書で利用するWebアプリケーションフレームワークDjangoの特徴などについて解説していきます。

5-1-1 静的／動的コンテンツとは

サーバーがWebブラウザーからリクエストを受け取ったあと、サーバー内部で実行される処理は、大きく静的コンテンツと動的コンテンツの2種類に分けることができます。

静的コンテンツ

1つはクライアントからのリクエストに応じて、あらかじめ用意された画像やHTMLドキュメントをレスポンスとして送信するものです。このようなコンテンツを**静的コンテンツ**と呼びます。リクエスト内容に応じてまったく同じページが表示されるため、いつ／誰がアクセスしても同じページが表示されます（**図5-1**）。

図5-1 ▶静的コンテンツ

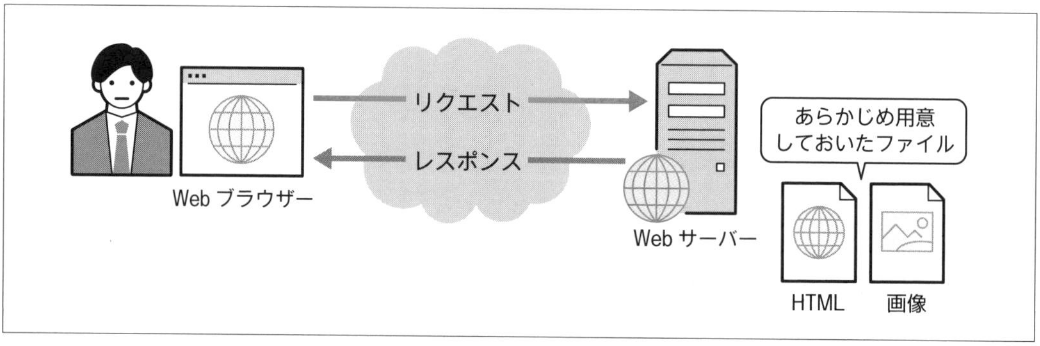

動的コンテンツ

もう1つは、リクエストの内容に応じて、HTMLドキュメントなどのコンテンツを自動的に生成し、それをクライアントにレスポンスとして送信するものです。この自動的に作成されるコンテンツを**動的コンテンツ**と呼びます(**図5-2**)。

現在では、Webサーバーで扱われているWebコンテンツの多くは動的コンテンツです。たとえば、ニュース配信サイトで表示される「本日の注目記事」や、ショッピングサイトで表示される「あなたへのオススメ商品」などが身近な動的コンテンツの例です。これらはアクセスするユーザーの情報やアクセス履歴などを解析し、自動的に作成された動的コンテンツとなります。

図5-2 ▶動的コンテンツ

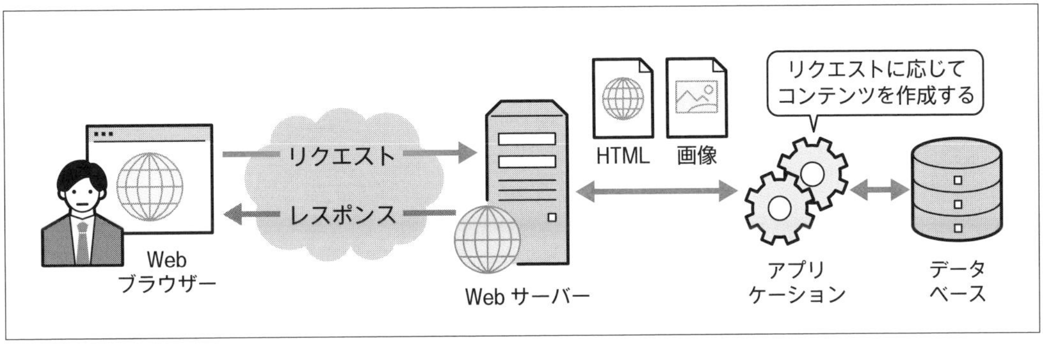

5-1-2 動的コンテンツが作成される仕組み

5-1-1では、静的コンテンツと動的コンテンツの違いについて解説しました。静的コンテンツは、あらかじめ決まったコンテンツを用意しておけばよいですが、動的コンテンツの場合は、コンテンツを作成する仕組みが必要となります。そのために必要な仕組みとして、主に次の2つが必要となります。

- データを保存する仕組み
- サービスを実現するためのロジック

データを保存する仕組み

コンテンツを作成するには、元となるデータが必要となります。ユーザー情報/商品情報/

投稿記事など、コンテンツにはさまざまなデータが利用されています。通常これらのデータは、サーバーのストレージ上にファイルとして保存するより、データベースのようなシステムに保存した方が、検索や登録を高速に行うことができます。

サービスを実現するためのロジック

「サービスを実現するためのロジック」として機能しているのが、**サーバーサイドアプリケーション**と呼ばれるプログラムです。

Pythonをはじめ、Java／PHP／Perlといったプログラミング言語を使って作成するのが一般的です。最近はPythonなどのコンパイル不要のスクリプト言語が使われことが多いため、**サーバーサイドスクリプト**といわれることもあります。

5-1-3 データベースシステム

データベースでは、データの格納に表形式のテーブルを利用します。1つのデータベースシステムの中に、用途によって複数のテーブルを作成して使い分けます。

データによってはテーブル間での連携が必要なケースがあります。たとえば、ユーザー情報を管理するテーブルに郵便番号が登録されており、その郵便番号から住所を引き当てる際に、別のテーブルを使う場合があります。

図5-3 ▶ データベースシステム

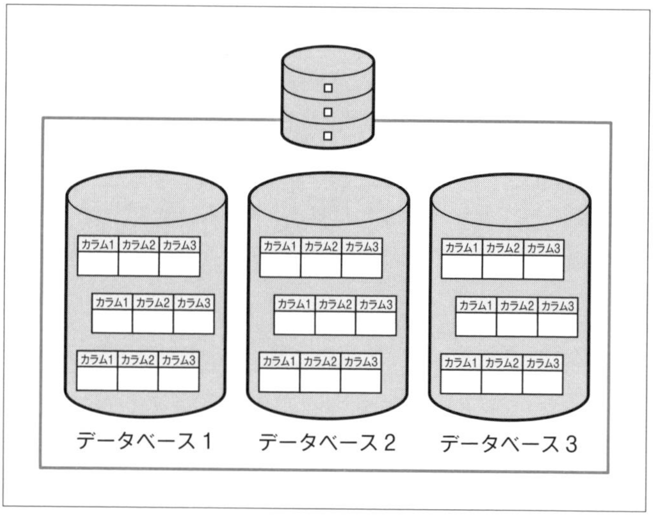

多くのデータはさらに他のデータとの関係性で成り立っており、データベースシステムにおいても、テーブル間の連携が必要になります。データの関係性を反映したデータベースシステムを、「**RDBMS**（Relational Database Management System）」と呼びます（**図5-3**）。

各テーブルは表計算ソフトウェアのExcelのように、**行**と**列**で構成されています。たとえば、商品データをデータベースに登録する場合は1商品を1行で管理し、価格や個数などのデータは列で管理しています。

データベースシステムでは、行を**レコード**、列を**カラム**と呼びます(**図5-4**)。1データが登録されるごとにレコードが追加され、それぞれのデータはカラムに登録されます。

図5-4 ▶行（レコード）と列（カラム）

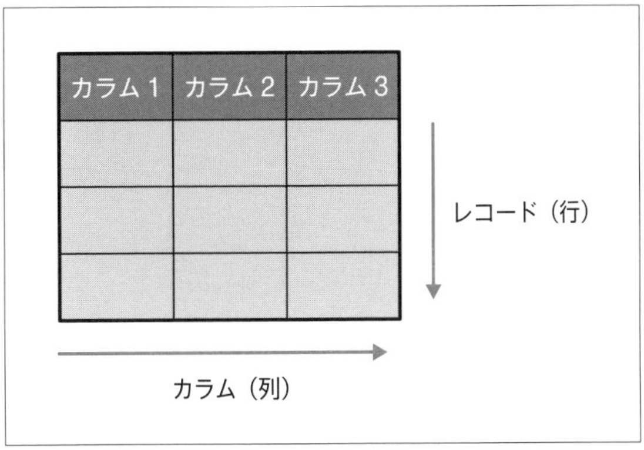

データベースシステムは、登録されたレコードから任意の条件でデータを取り出すことができます。たとえば商品データであれば商品名で検索したり、価格や在庫数で条件が一致するものを検索などを行うことが可能です。その際に使用するのが**SQL**（Structured Query Language、エスキューエル)」と呼ばれるデータの操作や定義を行うためのデータベース言語です。

たとえば、次のようなSQLを使ってレコードを取り出すことができます。

```
SELECT * FROM USERS WHERE ID = 1;
```

SQLを使ったデータベース管理については、5-4で詳しく解説します。

データベースシステムの種類

RDBMSには現在さまざまな種類があります。

オープンソースで公開されており、無償で使用可能なRDBMSとして主に次の種類があります。

- MySQL
- MariaDB
- PostgreSQL
- SQLite

有償で利用が可能なプロプライエタリ（商用）なRDBMSとしては次の種類があります。

・Oracle Database
・IBM Db2
・Microsoft SQL Server

これらは同じRDBMSですが、機能やデータの管理／保存方法などで違いがあり、SQLの記述ルールも若干異なります。

また最近では、**NoSQL**といわれる非RDBMSが使われる機会も増えています。NoSQLはドキュメント／グラフ／キー値／列指向など、さまざまなデータモデルに利用されます。特にすべてのデータをメモリー上で管理し、超高速検索と登録が可能な**KVS**（Key-Value Store）は使用される機会が多くなっています。

RDBMSにするのか、NoSQLにするのかは、開発のしやすさ、パフォーマンス、スケーラビリティ、可用性、耐障害性といった点を考慮して選択することになります。本書ではNoSQLは扱いませんが、興味のある方は他の書籍などを参照してみてください。

5-1-4 Webアプリケーションに必要な要素

Webサーバーは Webブラウザーからリクエストを受け取りレスポンスを返します。その際にレスポンスとして、HTMLドキュメントを送信しますが、リクエストに応じてHTMLドキュメンを作成したり、データベースと連携してデータを表示したりするには、サーバーサイドアプリケーションが必要になります。

サーバーサイドアプリケーションでは、Webアプリケーションを使ったサービスを実現するためのロジックを担っています。どのようなロジックになっているのか、確認していきましょう。

ロジックを実現するサーバーサイドアプリケーション

ブログやSNSなどのWebサービスを実現するには、データベースからデータを読み込み、HTMLドキュメントなどのコンテンツを生成する仕組みが必要になります。このような場合に利用されているのが**サーバーサイドアプリケーション**です。

Webブラウザー上で動作するJavaScriptなどのプログラムは、クライアント上で動作することから**クライアントサイドアプリケーション**と呼ばれていますが、サーバーサイドアプリケーションはその名前の通り、サーバー側で実行されるプログラムのことです。サーバーの

CPUやメモリーといったリソースを使って実行されるため、コンテンツを表示する上で、クライアントの処理能力は関係ありません。

データベースとの連携

コンテンツの表示に必要なデータをデータベースから読み込んだり、Webブラウザーから送信されるデータを保存するのもサーバーサイドアプリケーションの重要な役割です。

データベースはテキストファイルの読み書きと比較すると、検索や登録は高速に実行できます。そのためには認証処理やSQL文の組み立て、結果セットの取得などの高度な処理が必要になります。これらの処理を行うのもサーバーサイドアプリケーションの重要な役割の1つです。

Webアプリケーションの開発環境

サーバーサイドアプリケーションはJava／PHP／Pythonなど、さまざまなプログラミング言語で作成可能です。どのプログラミング言語を使ってサーバーサイドアプリケーションを作成するかは、Webシステムの要件や仕様次第ですが、どの言語を使っても、同じようなものを作ることは可能です。後々のメンテナンス性、エンジニアの確保、他システムに連携する方法などで、どの言語を使うのかが決められます。

以前は、秒間数万リクエストを扱うようなエンタープライズ向けではコンパイル言語のJava、そこまでのスペックが必要ない場合はメンテナンス性の高いPHPやRubyなどのスクリプト言語という使い分けもされていました。最近ではサーバーの性能が高くなったため、エンタープライズ向けでもスクリプト言語を採用したサーバーサイドアプリケーションが増えています。

国内におけるPythonによるWebシステムの事例はそれほど多くありませんが、海外では日本と比較すると幅広く利用されています。今後日本においても使用事例が増えるかどうかの鍵は、本章で解説するWebアプリケーションフレームワークといえます。

5-1-5 サーバーサイドアプリケーションのデザインパターン

サーバーサイドアプリケーションの役割は主に次の3つです。

- **Webブラウザーからリクエストを受け取って処理内容を決定する**
- **データベースと接続して処理内容に基づきデータ連携を行う**

・データベースから抽出したデータをもとにHTMLドキュメントを作成する

これらの役割に応じてソフトウェアを分割することが非常に重要な概念になっています。そこでWebアプリケーションのデザインパターン（設計パターン）として、次のように定義されています。

・Webブラウザーからリクエストを受け取り処理内容を決定する（Controller）
・データベースと接続し処理内容に基づきデータ連携を行う（Model）
・データベースから抽出したデータをもとにHTMLドキュメントを作成する（View）

これらの役割分担に基づいた設計思想をModel／View／Controllerの頭文字をとって**MVCアーキテクチャー**（以下MVC）と呼びます。

Webサーバーがクライアントからのリクエストを受け取って、クライアントへレスポンスを返すまでに、それぞれの次のような役割を担っています。

①Controllerは、クライアントであるWebブラウザーから送信されてきたデータを解釈してModelにデータを渡す
②Modelはデータベースと連携して処理を行い、Model内のデータを更新する
③Modelの処理が終わると、ControllerはViewに対して処理を指示し、ViewはModel内のデータを取得してHTMLドキュメントを作成し、WebブラウザーにHTMLドキュメントを返す

MVCにもとづいて、サーバーサイドアプリケーションを設計することによって、それぞれの機能をモジュール化（部品化）することが可能です。モジュール化することのメリットは次の通りです。

・役割を明確にすることができるため、モジュールごとに開発を分けて分担して作業することができる
・仕様変更にも柔軟に対応できるようになる
・障害が発生した際には原因の特定が容易になる

工業製品が複数のパーツを組み立てて作られているように、サーバーサイドアプリケーションにおいても、役割に応じてモジュール化することがデザインパターン（設計する上で）の基本になっています。

MVCは、Webアプリケーションにおけるアーキテクチャーの1つです。最近ではModelと

Viewを仲介するPresenterやModelViewなどのモジュールを取り入れた**MVP**(Model／View／Presenter)、**MVVM**(Model／View／ViewModel)」などのアーキテクチャーも登場しています。

5-1-6 Webアプリケーションフレームワークの利用

サーバーサイドアプリケーションは、Pythonの他、PHP／Ruby／Javaなど、さまざまなプログラミング言語で作成することが可能です。ただし、どの言語を使っても一から作るのは大変な手間です。

Webアプリケーションの役割は、クライアントからリクエストを受け取り、データベースと連携し、HTMLを自動作成してレスポンスとして返すというのが基本的な流れとなります。あとはWebシステムごとに、必要な機能を加えるだけです。

先ほど解説したMVCに則って、それぞれのモジュールを開発するとして、土台から作るよりも、以前に開発したものをベースにした方が開発効率が向上します。

Webサイトを構築する際、ユーザー認証(サインアップ、サインイン、サインアウト)、管理者用の画面、フォーム、ファイルのアップロードなど、同じような機能が必要になることが多いのですが、**Webアプリケーションフレームワーク**を使うことによって、土台から作り直すことが不要になるため、新規サイトの構築コストを軽減することができます。

またデータベース連携が必要な場合も、設定を行うだけでデータベースサーバーへ接続し、SQLの発行が可能になります。その都度SQLを考えて発行するよりも、Webアプリケーションフレームワークで用意されたAPIやファンクションを利用したほうが、間違いが少なく品質も向上します。またデータベースとのコネクション管理(接続／再接続／切断)などの処理をWebアプリケーションフレームワークに任せることで、コードを書く手間を省くことができます。

このようにWebアプリケーションフレームワークはWebアプリケーションの土台になるものをまとめて提供しています。

開発効率や品質に大きな影響を与える
Webアプリケーションフレームワーク選び

どの言語を使ってサーバーサイドアプリケーションを作成するか、先にWebアプリケーションフレームワークが鍵になっていると説明しました。現在はどのプログラミング言語を使っても、同じような機能を実装することができます。あとは開発効率や品質の問題になりますが、それに対して大きな影響を与えるのがWebアプリケーションフレームワークです。

優秀なWebアプリケーションフレームワークであれば、開発時間を短くし、より高品質なWebアプリケーションを作成することができます。

たとえば、JavaではサーバーサイドのServletやJSPが開発され、Webアプリケーションフレームワーク「Struts」が登場したことで、エンタープライズ分野で大きなシェアを獲得しました。

またスクリプト言語のRubyでは「Ruby on rails」というWebアプリケーションフレームワークの登場で注目度が高まりました。このようにWebアプリケーションフレームワーク選びは、開発言語を決定する上で重要事項になっています。

5-1-7 WebアプリケーションフレームワークDjango

Pythonで作られたWebアプリケーションフレームワークは数多く存在しますが、その中でも高い人気を誇るのが**Django（ジャンゴ）**です。元々ニュースサイトを管理する目的として開発されましたが、2005年にオープンソースとして公開されて以来、Pythonエンジニアに支持されています。

また、PythonによるWebアプリケーション構築を手軽にかつ効率よく進めることができることも人気の要因です。

Djangoが提供する機能

Djangoは、フルスタックのWebアプリケーションフレームワークで、Webアプリケーションの必要な機能が一通り揃っています。

- **MVCモデル**
- **ユーザー認証**
- **Webフォームの送受信**
- **データベース連携**
- **管理用サイト**
- **セキュリティー**
- **国際化**

Djangoを使って開発されたアプリケーションには、キャッシュシステム「memcached」が備わっており、高速な動作が可能です。規模の大きなWebサイトでも十分対応しているため、

InstagramやPinterestといった著名なWebサービスにも採用されています。

Djangoが対応しているデータベースシステム

Djangoはさまざまなデータベースシステムと連携することができます。Djangoで公式にサポートされているデータベースには、次のものがあります。

・PostgreSQL
・MySQL
・SQLite
・Oracle Database

Microsoft SQL ServerやIBM DB2のような非サポートのデータベースについても、サードパーティー製のアダプターを使用することによって、連携が可能になります。

Djangoの開発思想

Djangoの開発思想(http://docs.djangoproject.jp/en/latest/misc/design-philosophies.html)として、次の4点が掲げられています。

・**疎結合(Loose coupling)**
・**コード量の低減(Less code)**
・**迅速な開発(Quick development)**
・**DRY(Don't repeat yourself)則**

これらの思想を端的にまとめると、次のようになります。

現在のWeb開発はデータベースが主体になり、データの複雑化とともに開発も複雑化しているため、ロジックの開発に注力できるよう、データベースに関わる開発の無駄をなくし、データベースがどうなっているか意識することなく、ロジックを開発できるようにします。Template(テンプレート)を多用したり、コンポーネントを再利用したりすることで、追加するコードを少なくして、開発を素早く行えるようにします。

DjangoのMTVアーキテクチャー

Djangoでは、先ほど述べたMVCアーキテクチャーの代わりに**MTVアーキテクチャー**という言葉が使われています(**図5-5**)。MVCとMTVのアーキテクチャーに大きな違いはありませんが、DjangoではMVCの「View」を「Template」として、「Controller」を「View」として扱っています。**Viewは「どのデータを提示するか」を、Templateは「どう見せるか」**といった役割担っています。

図5-5 ▶ DjangoのMTVアーキテクチャー

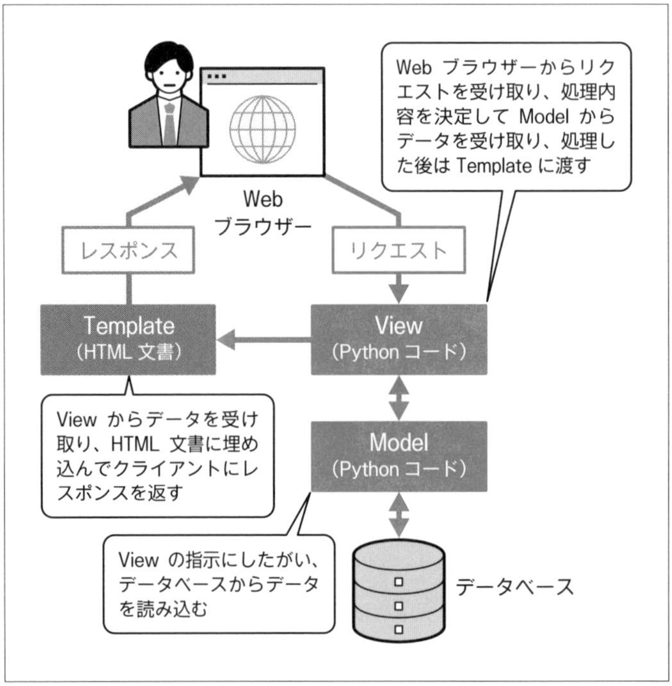

Djangoの「Template」はテンプレートエンジンによって実現しています。Pythonコードに直接コンテンツのデザインに必要なHTMLタグを埋め込むと、記述が複雑になります。そこでDjangoのテンプレートエンジンでは、Pythonコードとデザインを分離し、テンプレートの記述が複雑になることを防いでいます。そのためPythonとは別のテンプレート専用言語を採用しています。

Djangoでは、MTVアーキテクチャーに則って設定ファイルを用意したり、TemplateやViewを作成します。そのためMTVアーキテクチャーを理解することが、Djangoを使ったWebアプリケーション開発の第一歩になります。

Webアプリケーションの仕組みのまとめ

- 静的コンテンツは、あらかじめ用意された画像やHTMLドキュメントをクライアントにレスポンスとして送信する
- 動的コンテンツは、リクエストの内容に応じてコンテンツを自動的に生成し、クライアントにレスポンスとして送信する
- 動的コンテンツを作成するには、サーバー側にはデータを保存する仕組みとともに、サービスを実現するためのロジックが必要になる
- データを保存する仕組みとして、さまざまなデータベースシステムが利用されている
- サービスを実現するためのロジックとして、サーバーサイドアプリケーションを利用する
- サーバーサイドアプリケーションのデザインパターンは、MVCアーキテクチャーが主流となっている
- 短期間でのWebアプリケーション開発には、Webアプリケーションフレームワークが有用である
- Djangoは、Pythonで作られたMTVアーキテクチャーを採用したWebアプリケーションフレームワークである

5-2 Djangoのインストール

ここでは、WebアプリケーションフレームワークDjangoをインストールし、Webアプリケーションを開発する方法を解説していきます。すでにPythonの実行環境がインストールされていれば、コマンドを1行実行するだけでDjangoのインストールは終了します。

5-2-1 Djangoのインストール方法

Djangoは、次のいずれかの方法でインストールできます。

公式リリース版をインストールする（推奨）

公式リリース版は、Pythonの実行環境がインストール済みで、かつインターネットに接続している環境であれば、pipコマンドを1行実行するだけで完結します。また動作も安定しており、通常は公式リリース版で問題ありません。またバージョンが古くなったときはアップデートも簡単に行うことができます。

OS（ディストリビューション）で提供されるものをインストールする

AnacondaなどのPythonディストリビューションを使用している場合は、専用コマンドcondaでDjangoのインストールが可能です。またOSに組み込まれているPythonを使用している場合は、DjangoがOS機能の一部として提供されているため、OSのパッケージ管理コマンドでDjangoをインストールできます。

基本的には公式リリース版を使用しますが、パッケージ管理を一元化したい場合などはOS（ディストリビューション）版を使用してください。

Coffee Break 最新の開発版を利用する

いち早く検証してバグを確認するなどの必要がある場合や、開発段階の最新機能を使用したい場合は、最新の開発版をインストールしてください。ただし、開発版を運用環境で利用することはほぼなく、動作の安定性や古いバージョンとの互換性などで問題が発生する可能性もあるので、よほどの理由がなければ本文で紹介しているバージョンを利用してください。

本書で使用しているDjangoのバージョンを指定してインストールを行う場合は、次のように実行します。

```
> pip install django==4.1.2 ↵
```

5-2-2 Djangoのインストール

Pythonのパッケージ管理コマンド(pip)を使って「公式リリース版」をインストールする方法と、Pythonディストリビューションの「Anaconda」にDjangoパッケージを追加してOS(ディストリビューション)版をインストールする方法を解説します。

通常は、最初に紹介する方法(Pythonのパッケージ管理コマンドpipを使用)でDjangoをインストールしてください。Anacondaをインストールしていて、Anacondaのパッケージ管理ツールのcondaの操作に慣れている場合だけ、後者の方法でインストールしてください。

公式リリース版Djangoのインストール

公式リリース版のDjangoは、Pythonのパッケージ管理コマンドpipコマンドでインストールします。Python 3.4以上がインストールされていればpipコマンドは利用可能です。

Windowsでは「Anaconda Prompt(Anaconda3)」、macOSではターミナルを開きます。プロンプトが表示されたら、次のようにpipコマンドを実行するとインストールを開始します。

```
> pip install django ↵
Collecting django
```

```
  Downloading Django-4.1.2-py3-none-any.whl (8.1 MB)
     |████████████████████████████████| 8.1 MB 6.4
MB/s
Collecting asgiref<4,>=3.5.2
  Downloading asgiref-3.5.2-py3-none-any.whl (22 kB)
Collecting tzdata
  Downloading tzdata-2022.5-py2.py3-none-any.whl (336 kB)
     |████████████████████████████████| 336 kB ...
Collecting sqlparse>=0.2.2
  Downloading sqlparse-0.4.3-py3-none-any.whl (42 kB)
     |████████████████████████████████| 42 kB 3.2
MB/s
Installing collected packages: tzdata, sqlparse, asgiref, django
Successfully installed asgiref-3.5.2 django-4.1.2 sqlparse-0.4.3
tzdata-2022.5
```

Anacondaパッケージ管理コマンドによるDjangoのインストール

Anacondaに付属しているパッケージ管理コマンドの「conda」を使ってDjangoをインストールする方法を解説します。condaを使うと、Anaconda向けに用意されている500以上のパッケージを追加インストールすることができます。pipでパッケージを追加インストールすると、ソースコードをダウンロードし、コンパイルが行われます。そのため時間がかかり、場合によってはコンパイルでエラーが発生します。condaであれば、そのような不具合は発生しません。

Windowsでは「Anaconda Prompt(Anaconda3)」を、macOSでは「ターミナル」を開いて、コマンドを入力できるようにしてください。プロンプトが表示されたら、次のようにcondaコマンドを実行します。「Proceed ([y]/n)? 」と表示されたら[Y]を入力して[Enter]キーをタイプします。

```
> conda install django ↵
...省略...
Proceed ([y]/n)?    Yを入力してEnter
```

condaによってインストールされるDjangoは、pipでインストールされるものに比べてバージョンが古くなります。最新のDjangoを使用するには、pipでインストールする必要があります。

5-2-3 Djangoのバージョン確認

Djangoが正常にインストールされたかどうか、Djangoのバージョンを表示することで動作を確認します。

インタープリターを起動して「>>>」プロンプトが表示されたら、次のように入力すると、インストールされているDjangoのバージョンが表示されます。

```
>>> import django ↵
>>> django.get_version() ↵
'4.1'
```


Djangoのインストールのまとめ

- Djangoの公式リリース版をインストールするにはPythonパッケージ管理コマンド「pip」を利用する
- Djnagoのバージョンを指定してインストール場合は、「pip install django==<バージョン>」を実行する
- Anacondaに付属しているパッケージ管理コマンドの「conda」を使ってDjangoをインストールと古いバージョンがインストールされる場合がある
- インストールされたDjangoのバージョンを確認するには、「django.get_version()」関数を利用する

5-3 Djangoによる Webアプリケーションの作成

ここまででDjangoのインストールが完了し、Webアプリケーションを開発する環境が整いました。それではDjangoでかんたんなアプリケーションを作成してみましょう。

本節では、**図5-6**のように表示されるWebアプリケーションを作成していきます。

図5-6 ▶作成するWebアプリケーションの実行イメージ

5-3-1 作成手順

まずDjangoを使った開発の流れを理解するため、データベースやテンプレートエンジンを使用しません。MTVアーキテクチャのModelやTempleを使用せずに、Webアプリケーションを作成します(**図5-7**)。

図5-7 ▶今回作成するWebアプリケーションのアーキテクチャ

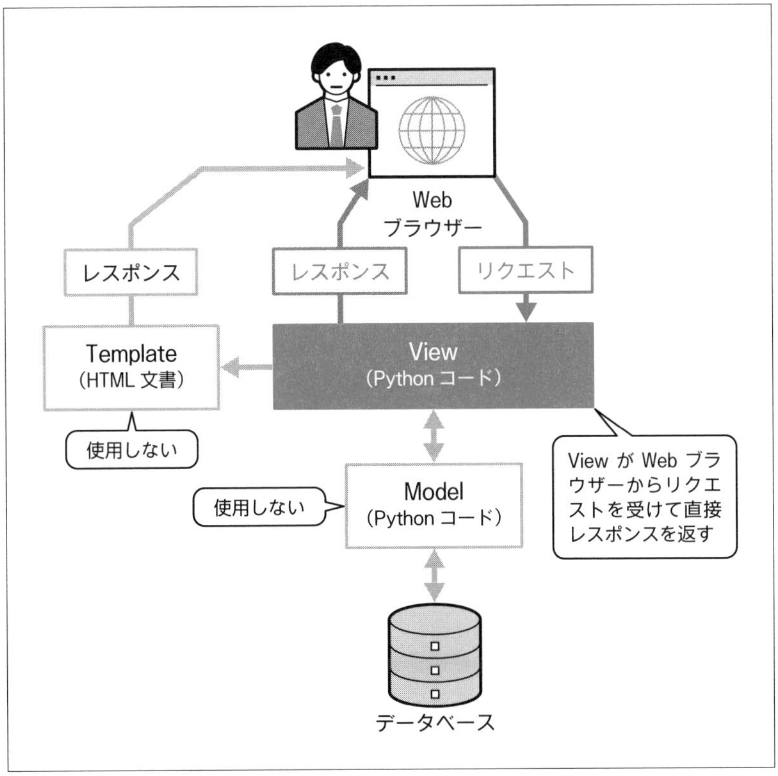

次の手順でDjangoを使ってWebアプリケーションを開発します。

①Djangoプロジェクトの作成
②設定ファイルの修正
③Webアプリケーションの作成とDjangoプロジェクトへの登録
④Viewの定義
⑤URLディスパッチャーの作成
⑥開発サーバーの起動
⑦動作確認

5-3-2 作業上の注意

DjangoでWebアプリケーションを作成する際は、次の点に注意してください。

・管理者権限は必要ありません。一般ユーザーの権限でDjangoプロジェクトやWebアプリケーションを作成してサーバーを立ち上げることができます。一例としてユーザー名に「gihyotaro」を使用しています。漢字などのマルチバイト文字を使用しないでください。
・DjangoのWebアプリケーション開発作業では、コマンドの実行や、設定ファイルの編集を行います。コマンドを実行するには、Windowsでは「Anaconda Prompt(Anaconda3)」を、macOSでは「ターミナル」を利用します。
・設定ファイルの編集にはテキストエディターが必要となります。OS標準のテキストエディター(Windowsの「メモ帳」、macOSの「メモ.app」、Linuxのvim)の他、普段から使い慣れているものを使用してください。
・Windowsの「フォルダ」はmacOSやLinuxの「ディレクトリ」と同じ意味で使用していますが、本書では「フォルダ」で統一しています。
・ホームフォルダ内に専用フォルダを作成し、Webアプリに必要なファイルを保存します。ホームフォルダ以外にも、Webアプリのフォルダを作成し作業することはできますが、その際は、適宜読み替えてください。
・Pythonコードや設定ファイルに日本語を挿入する場合は、文字コードを「UTF-8」にしてファイルを保存してください。
・Windowsでは、事前にファイルの拡張子を表示させるよう設定しておきます。「エクスプローラー」を開いて「表示」タブをクリックし、「ファイル名拡張子」チェックボックスにチェックを付けます。

5-3-3 ①Djangoプロジェクトの作成

最初に行う作業は、**Djangoプロジェクト**の作成です。Djangoプロジェクトとは、あるWebサイト向けに設定ファイルやWebアプリケーションを集めたものです。Webサイトには複数のWebアプリケーションがあるように、1つのプロジェクトには複数のWebアプリケーションを登録し管理することができます。

プロジェクト名を「mysite」とした場合、django-adminコマンドを実行するとプロジェクトを作成することができます。

```
> django-admin startproject mysite ↵
```

Djangoプロジェクトの作成に成功した際のmysiteフォルダの構成は、**図5-8**の通りです。

プロジェクト名「mysite」と同じ名前のフォルダが作成され、さらにもう1つ下の階層に同名のフォルダが作られています。その他のファイルなどの用途は**表5-1**の通りです。

図5-8 ▶ この時点でのmysiteフォルダ

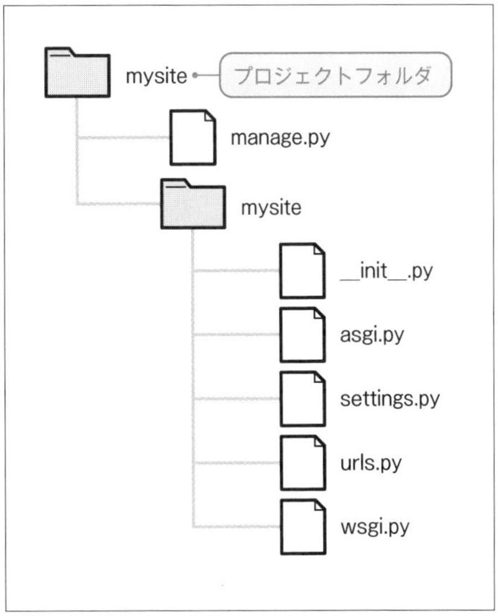

表5-1 ▶ mysiteフォルダ／ファイルの用途

フォルダー名／ファイル名	用途
mysite（ルート）	Djangoプロジェクトのルートフォルダー
manage.py	Django プロジェクトに対するさまざまな操作を行うためのコマンドラインユーティリティ
mysite（内側）	プロジェクトのPythonパッケージとなるフォルダー。フォルダーの名前がPythonパッケージの名前にもなっており、Pythonコード中の「import」文に使用する名前にもなる（たとえば「import mysite.urls」）
__init__.py	このフォルダー（mysite）がPythonパッケージとして使うために必要な空のファイル
asgi.py	ASGI（非同期サーバーゲートウェイインターフェイス）のためのファイル
settings.py	Djangoプロジェクトの設定ファイル
urls.py	DjangoプロジェクトのURL定義ファイル。サイトの「目次」に相当し、URLディスパッチャー作成時に使用する
wsgi.py	WSGI互換Webサーバーとのエントリーポイントに使用。プロジェクトをWebサービスとして公開するのに必要なファイル

5-3-4 ②設定ファイルの修正

設定ファイルsettings.pyを修正して、言語コードやタイムゾーンを設定します(**図5-9**)。なお今回は利用しませんが、Webアプリケーションでデータベースを使用する場合、データベースサーバーとの連携に必要な設定もsettings.pyで行います。

図5-9▶設定ファイルの変更

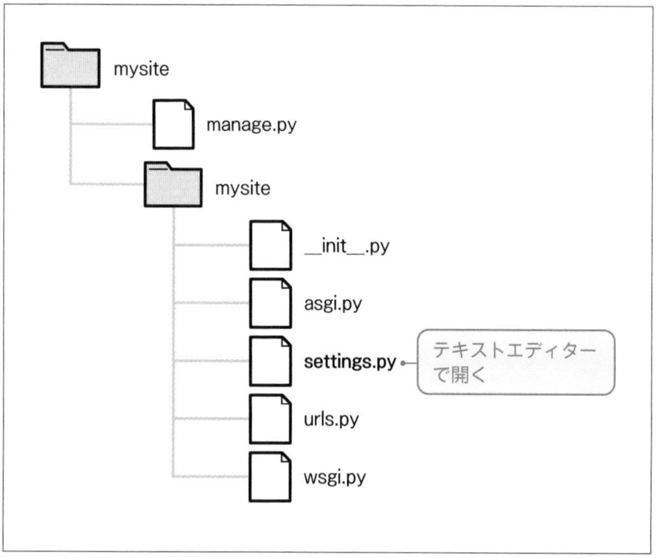

言語コードの変更

言語コードを日本語にすることで、ウェルカムページに表示されているコンテンツや、エラーメッセージなどが日本語化されます。設定ファイルsettings.pyの「LANGUAGE_CODE」項目を次のように変更します。

```
LANGUAGE_CODE = 'en-us'
```

↓

```
LANGUAGE_CODE = 'ja'
```

タイムゾーンの変更

タイムゾーンも標準では協定標準時(UTC)になっており、日付の表示が正しくありません。日本標準時(JST)は協定標準時より9時間進んでいます。日本標準時に変更し、日付を正しく扱えるようにします。設定ファイルsettings.pyの「TIME_ZONE」項目を次のように変更します。

```
TIME_ZONE = 'UTC'
```

↓

```
TIME_ZONE = 'Asia/Tokyo'
```


5-3-5 ③Webアプリケーションの作成とDjangoプロジェクトへの登録

いよいよWebアプリケーションを作成していきます。最初に作成したDjangoプロジェクトのルートフォルダに移動します。

```
> cd mysite ↵   Djangoプロジェクトのルートフォルダに移動
```

Djangoプロジェクトのルートフォルダに移動できていれば、次のように他のファイルやフォルダが見えるはずです。

・Windowsの場合

```
> @cd ↵
C:\Users\gihyotaro\mysite
> dir ↵
 C:\Users\gihyotaro\mysite のディレクトリ

2022/06/16  00:22    <DIR>          .
2022/06/16  00:22    <DIR>          ..
2022/06/16  00:22               684 manage.py
```

```
2022/06/16  00:22    <DIR>          mysite
               1 個のファイル                 684 バイト
               3 個のディレクトリ  33,625,759,744 バイトの空き領域
```

・macOS／Linuxの場合

```
$ pwd
/Users/gihyotaro/mysite
$ ls -l
total 8
-rwxr-xr-x  1 gihyotaro  staff  662  6 17 00:28 manage.py
drwxr-xr-x  7 gihyotaro  staff  224  6 17 00:30 mysite
```

カレントフォルダにmanage.pyファイルがあるのを確認できたたら、次のように実行します。

```
> python manage.py startapp myapp
```

引数には「startapp Webアプリケーション名」を指定します。Webアプリケーション名は任意のものを使用します。ここでは「myapp」としています。

Webアプリケーションの作成に成功するとmyappフォルダとともに、ファイルが作成されます（**図5-10、表5-2**）。

図5-10 ▶ Webアプリケーションのひな形の作成

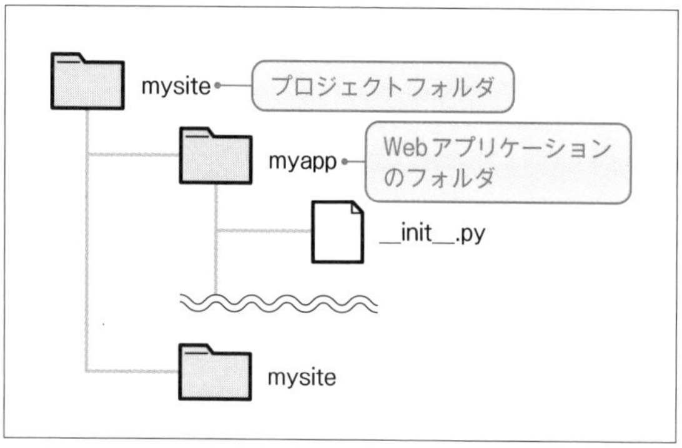

表5-2 ▶ 作成されるファイル

ファイル名	概要
models.py	Model定義をするためのファイル
tests.py	UnitTestを記述するためのファイル
views.py	Viewを定義するためのファイル

作成したWebアプリケーションをmysiteプロジェクトに組み込むには、mysiteプロジェクトのsettings.pyファイルに1行設定を追加します。settings.pyファイルをテキストエディターで開いて1行追加します（**図5-11**）。

図5-11 ▶プロジェクトへ組み込む

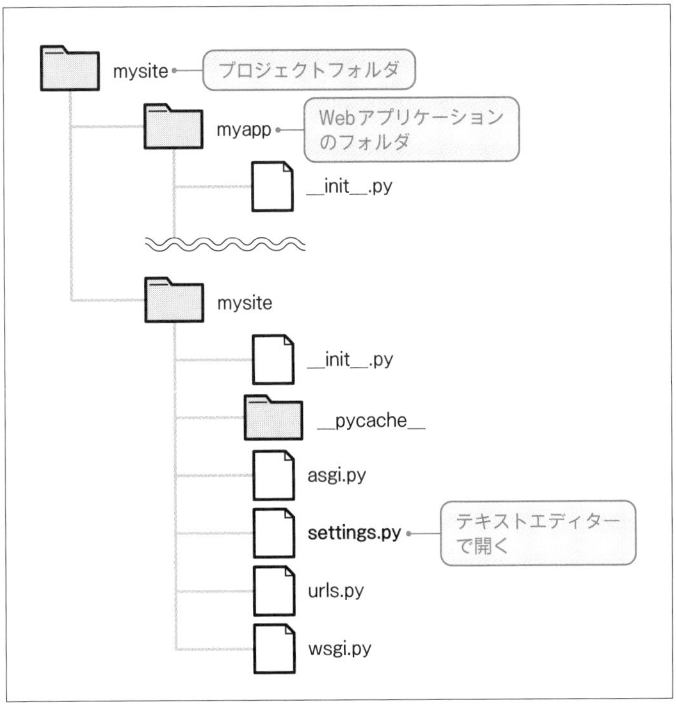


```
INSTALLED_APPS = [
    'django.contrib.admin',
    'django.contrib.auth',
    'django.contrib.contenttypes',
    'django.contrib.sessions',
    'django.contrib.messages',
    'django.contrib.staticfiles',
    'myapp',    ←追加
]
```

5-3-6 ④Viewの定義

Viewを定義します。views.pyをテキストエディターで開いて、Pythonコードを追加します(**図5-12**)。ここでは表示したいコンテンツや条件を定義しています。

コードの中にHTMLタグを挿入していますが、Templateを使用すると、HTMLタグを分離することができます。ファイルを保存する際は、文字コードを「UTF-8」にしてください。

図5-12 ▶ Viewの定義

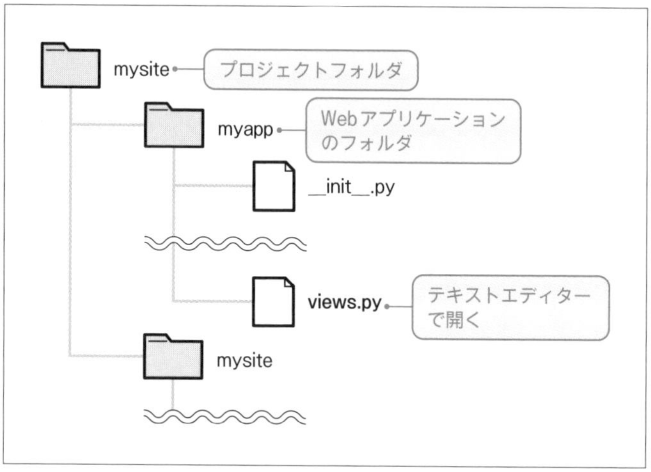


```
from django.shortcuts import render
from django.http import HttpResponse  ←1行追加

# Create your views here.
ここから追加
def index(request):
    html = "<h1>myappのウェルカムページです</h1>"
    return HttpResponse(html)

def foo(request):
    html = "<h1>fooが指定されたときのページです</h1>"
    return HttpResponse(html)
ここまで追加
```

5-3-7 ⑤URLディスパッチャーの作成

Webブラウザーで「http:// サーバーのアドレス/myapp 」にアクセスした際、Viewで定義した「def index(request)...」が呼び出されるようにURLディスパッチャーを定義します。

URLディスパッチャーの定義は、Webサイト用とWebアプリケーション用の2ヵ所で行います(**図5-13**)。Webサイト分はDjangoプロジェクトフォルダ下にあるmysiteフォルダ内のurls.pyファイルを、Webアプリケーション分はmyappフォルダ内のurls.pyファイルをそれぞれ修正します。

図5-13 ▶ URLディスパッチャーの作成

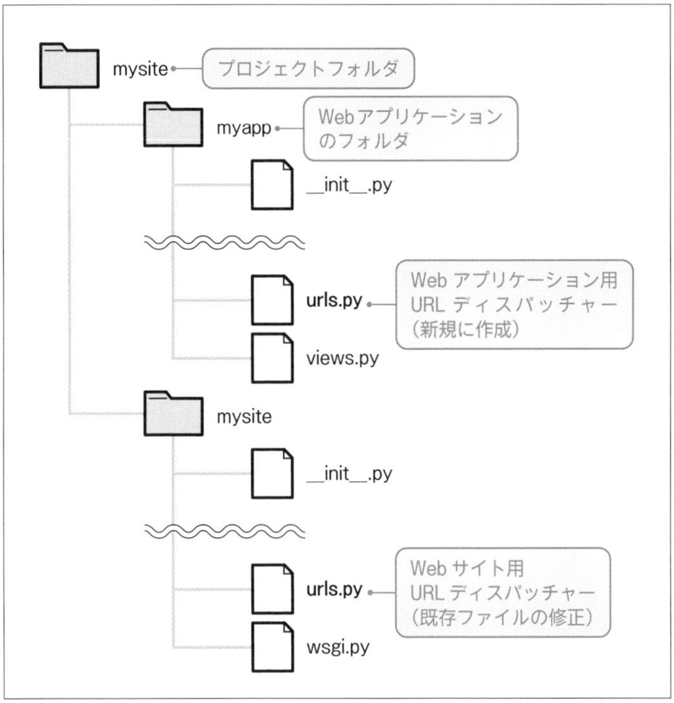

urls.pyファイルの新規作成

Webアプリケーション内で、どのURLをどのViewに対応させるのか定義する必要があります。Webアプリケーション内のURLディスパッチャーを定義することで、views.pyファイル内で定義したindexやfooにアクセスできるようにします。

myappフォルダの中にurls.pyファイルをテキストエディターで新規に作成し、次のような

Pythonコードを記述して保存します。

```
from django.urls import path
from . import views

urlpatterns = [
    path('' , views.index, name = 'index' ),
    path('foo' , views.foo, name = 'foo' ),
]
```

URLのパターンと表示したいViewの組み合わせを`path( )`関数を使って定義し、urlpatternsリストに追加します。何もURLの指定がない、すなわちリクエストされたURLが「/」だった場合は、Viewで定義した「index」を呼び出すようにします。リクエストされたURLが「foo」だった場合は、Viewで定義した「foo」を呼び出すようにします。

urls.pyファイルの修正

DjangoプロジェクトmysiteのURLディスパッチャーも修正する必要があります。mysiteフォルダの中のurls.pyファイルを修正します。次のようにimport文を修正して、urlpatternsリストに「myapp/」を加えます。

```
from django.contrib import admin
from django.urls import path,include                「, include」を追加

urlpatterns = [
    path('admin/', admin.site.urls),
    path('myapp/', include('myapp.urls')),    1行追加
]
```

`include( )`により、他のURLディスパッチャーを参照できるようになります。上記のように修正することで、先ほどmyapp内で定義したURLディスパッチャーを参照できるようになります。

これでURLがhttp://サイトのアドレス/myqppだったときにmyappアプリケーションが実行されるようになります。もう1つURLとして「admin/」が定義されているのがわかります。

これは管理画面のための特殊なページになります。

5-3-8 ⑥開発サーバーの起動

Webアプリケーションの作成は以上です。Djangoのプロジェクトがうまく動作するか、**開発サーバー**(本番環境ではなく、PC上の開発環境上のサーバーです)を起動して確認してみましょう。

manage.pyがあるフォルダに移動し、次のようにコマンドを実行します。

```
> python manage.py runserver ↵
```

起動に成功すると次のように表示されます。

```
Watching for file changes with StatReloader
Performing system checks...

System check identified no issues (0 silenced).

You have 18 unapplied migration(s). Your project may not work
properly until you apply the migrations for app(s): admin, auth,
contenttypes, sessions.
Run 'python manage.py migrate' to apply them.
June 16, 2022 - 03:42:28
Django version 4.0.5, using settings 'mysite.settings'
Starting development server at http://127.0.0.1:8000/
Quit the server with CTRL-BREAK.
```

TemplateやModelを使用していないため、一部エラー(「You have 18 unapplied migration(s).」)が出力されますが、サーバーは正常に起動します。

ApacheやNginxのようなWebサーバーを別途インストールしなくても、DjangoにはPythonで書かれた軽量なWebサーバー機能が内包されています。そのため開発段階では、Webサーバーを別途用意する必要はありません。

またDjangoに内包されているWebサーバーは、リクエストに応じてPythonコードを自動的にリロードします。そのためコードの変更を反映するのに、毎回サーバーを再起動する必要はありません。開発サーバーを停止するには、起動したターミナル上Ctrlキーと Cキーを同時にタイプします。

サービスポート番号の変更

デフォルトでは、開発サーバーはTCPポート8000番で起動します。サービスポート番号を変更したい場合は、次のようにコマンドライン引数でポート番号を指定します。

たとえば8080番で起動するには、次のように実行します。

```
> python manage.py runserver 8080 ↵
```

5-3-9 ⑦動作確認

開発サーバーが起動したら、Webブラウザーかアクセスし動作を確認します。開発サーバーが起動しているPC上でWebブラウザーを開いて、「http://127.0.0.1:8000/myapp/ 」にアクセスすると、Webページが表示されます(**図5-14**)。

図5-14 ▶ WebブラウザーでWebアプリケーションの起動を確認

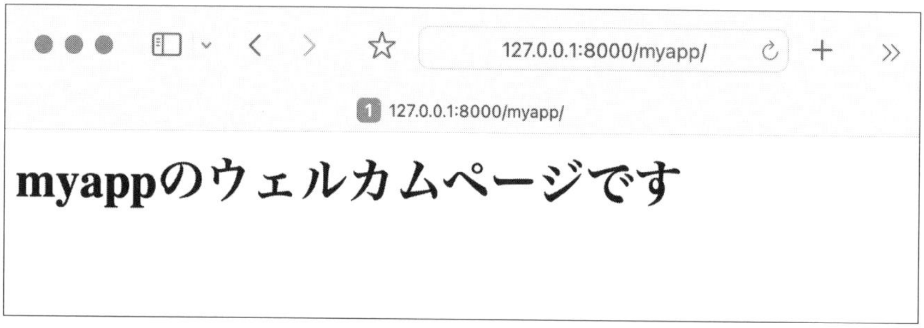

開発サーバーを起動しているターミナルコマンドプロンプトには、次のようなアクセスログが表示されます。

```
[26/Apr/2021 00:07:59] "GET /myapp/ HTTP/1.1" 200 47
```

もう1つURLディスパッチャーで指定したURLも確認しましょう。「http://127.0.0.1:8000/

myapp/foo」にアクセスすると、正常に動作していれば、**図5-15**のように表示されます。

図5-15 ▶ http://127.0.0.1:8000/myapp/foo にアクセス

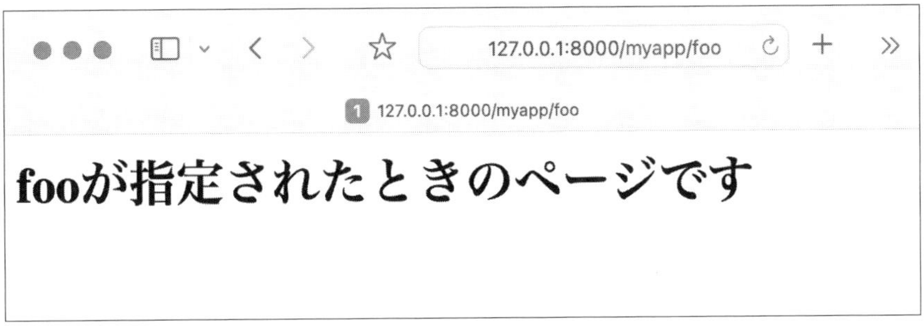

開発サーバーを起動しているターミナルコマンドプロンプトには、次のようなアクセスログが表示されます。

```
[16/Jun/2022 03:45:34] "GET /myapp/ HTTP/1.1" 200 47
```

Djangoによるwebアプリケーション作成のまとめ

- DjangoはMTVアーキテクチャーを採用したWebアプリケーションフレームワークであるが、ViewだけでもWebアプリケーションを作ることができる
- Djangoでは、最初に「$ django-admin startproject プロジェクト名」でプロジェクトを作成する
- Djangoでは、1つのプロジェクトに複数のWebアプリケーションを登録し、管理することができる
- DjangoでWebアプリケーションを作るには、「$ python manage.py startapp Webアプリ名」を実行する
- Viewの定義は、Webアプリケーション内の「views.py」ファイルで行う
- リクエストされたURLとViewで定義した関数を結び付けるには、URLディスパッチャーを設定する
- DjangoにはWebサーバーの機能が含まれており、「$ python manage.py runserver」で起動して実行する

5-4 データベースの操作

Djangoに含まれるデータベースシステムSQLLiteを使って、データを保存したり、保存したデータを検索／削除／更新する方法を解説します。実際にSQLクエリーを実行しながら、データベースの操作に慣れていきましょう。

5-4-1 SQLite

Webアプリケーションは、データを保存する仕組みとしてデータベースシステムを使用します。現在主に使用されているのは、データを行(レコード)と列(カラム)で保存する「RDBMS(リレーショナルデータベース)です(5-1-3参照)。操作にはデータベース言語の**SQL**を使用します。

SQLiteは、データベースをファイルで管理する簡易的なデータベースです。Djangoをインストールした際に、SQLiteも併せてインストールされます。

5-1-3で解説したように、データベースにはMySQLやOracleのようなRDBMSが一般に使用されています。それらの大規模用途にも対応できるデータベースシステムに比べて、SQLiteはアクセス速度が遅く、同時に処理できるアクセス数も少なくなりますが、わざわざサーバーを用意する必要がなく，データベースの削除もファイルを消すだけで簡単にできるなど、開発用途に適したデータベースです。

SQLiteでは、コマンドラインツールを使ってデータベースの作成や削除などが可能です。またSQLクエリーを発行することもできます。

5-4-2 sqlite3コマンドの実行

Djangoをインストールすると、SQLiteのコマンドラインツール**sqlite3**も同時にインストールされます。このツールを使えば、ターミナルやコマンドプロンプト上でSQLiteの操作が可能になります。

それでは、SQLiteを使ってみましょう。Windowsでは「Anaconda Prompt(Anaconda3)」を、macOSでは「ターミナル」を開いて、次のように、`sqlite3`コマンドを実行します。

```
> sqlite3 ↵
SQLite version 3.38.2 2022-03-26 13:51:10
Enter ".help" for usage hints.
Connected to a transient in-memory database.
Use ".open FILENAME" to reopen on a persistent database.
```

インストール方法によっては、「C:\ProgramData\Anaconda3\Library\bin\sqlite3」のようにパス付きでコマンドを入力しないと実行できない場合があります。そのような場合は環境変数の設定が必要となります。

sqlite3の実行に成功すると、「sqlite>」プロンプトが表示され、SQLクエリーの入力が可能になります。

```
sqlite>  プロンプトが表示されたらSQLを入力できる
```

終了するには「.quit」と入力します。頭に「.(ドット)」を付けるのを忘れないようにしましょう。

```
sqlite> .quit ↵
```

5-4-3 データベースファイルを開く

引数を何も指定せずにsqlite3コマンドを実行すると、メモリー上にデータベースが作成されます。高速に動作しますが、PCが停止すると、メモリー上のデータベースは消失します。データベースをディスク上にファイルとして作成することで、PCが停止してもデータベースを消失しないようにできます。

データベース名とファイル名は同じです。次のように引数を指定することで、データベースファイルを開くことができます。

```
sqlite3 データベース名
```

5-3では、Djangoを使って簡易Webアプリケーションを作成し、開発サーバーを起動しました。一度でも開発サーバーを起動していれば、Djangoプロジェクトのフォルダ内にSQLiteのデータベースファイルが作成されています。

Djangoプロジェクトのフォルダに移動し、db.sqlite3ファイルが作成されているか確認してみましょう(**図5-16**)。

図5-16 ▶ db.sqlite3ファイルの確認

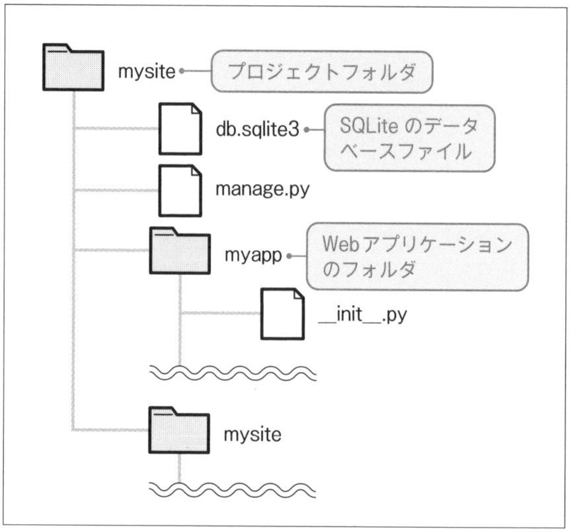

フォルダを移動し、カレントフォルダにdb.sqlite3ファイルがあることを確認できたら、次のように、データベースファイル名を引数にsqlite3コマンドを実行します。

・Windowsの場合

```
> cd %HOMEPATH%¥mysite ↵
> sqlite3 db.sqlite3 ↵
```

・macOS／Linuxの場合

```
$ cd ~/mysite/ ↵
$ sqlite3 db.sqlite3 ↵
```

データベースファイル名を指定しないで実行した際には、「Connected to a transient in-memory database.」といったメッセージが表示されていましたが、引数にデータベースファイル名を指定することで、表示されなくなります。

「sqlite>」プロンプトが返ってきたら、「.show」と入力してみましょう。1文字目の「.(ドット)」

を忘れないようにしてください。次のようにSQLiteの設定変数が一覧表示されます。

```
sqlite> .show ↵
        echo: off
         eqp: off
     explain: auto
     headers: off
        mode: list
   nullvalue: ""
      output: stdout
colseparator: "|"
rowseparator: "\n"
       stats: off
       width:
    filename: db.sqlite3
```

「.quit」や「.show」のようにSQLクエリー以外のSQLite専用コマンドを入力し実行することもできます。SQLiteに限らず、他のRDBMSでも、データベース管理にはSQLクエリーではない専用コマンド使用します。SQLiteに用意されている管理コマンドには主に次のようなものがあります（**表5-3**）。

表5-3 ▶ SQLiteの管理コマンド

コマンド	用途
.backup	データベースをバックアップ
.dump	データベースをSQLクエリー形式でダンプ
.help	ヘルプ画面を表示
.import	データをファイルからインポート
.mode	クエリーの出力モードを変更
.read	ファイルからSQLクエリーを読み込み実行
.schema	CREATE文を表示
.show	設定変数を一覧表示
.table	テーブルを一覧表示
.width	表示する時のカラムごとの幅を設定

他のコマンドや、詳しい使い方は「.help」で表示されるヘルプ画面を参考にしてください。

5-4-4 テーブルの作成（CREATE文）

データベースの中に**テーブル**を作成します。RDBMSによっては**スキーマ**と表現しているものもあります。さらに1つのデータベースの中に複数のテーブルを作成することができます。

テーブルを作成するには、SQLクエリーの**CREATE文**を使用します。

```
CREATE TABLE テーブル名(カラム名1, カラム名2, ...);
```

テーブル名をtest_tableとして、**表5-4**のようなテーブルを作成してみましょう。

表5-4 ▶ test_table

カラム名	データ型
id	INTEGER（整数）
memo	TEXT（テキスト）

データをテーブルから取り出す際には**カラム名**を指定します。各カラムに格納されるデータの種類によって**データ型**を定義しておきます。

SQLiteでは、テーブルを作成する時にデータ型を指定しなくてもカラムを作成できますが、一般的にデータベースでテーブルを作成する際は、データ型を指定します。

SQLiteで利用できるデータ型には次のものがあります（**表5-5**）。

表5-5 ▶ SQLiteで利用できるデータ型

データ型	用途
NULL	NULL値
INTEGER	符号付整数
REAL	浮動小数点数
TEXT	テキスト
BLOB	Binary Large OBject（バイナリー形式）

test_tableテーブルを作成するには、「sqlite>」プロンプトに次のようなCREATE文を実行します。

```
sqlite> CREATE TABLE test_table ( ↵
   ...>     id INTEGER, ↵
   ...>        memo TEXT ↵
   ...>  ); ↵
```

見やすいようにインデントや改行を入れていますが、1行にまとめても構いません。

```
sqlite> CREATE TABLE test_table (id INTEGER, memo TEXT); ↵
```

またSQLクエリーはアルファベット小文字でも同じように動作します。重要なのはカラムの間に「,(カンマ)」を、クエリーの最後に「;(セミコロン)」を入れることです。

test_tableテーブルが正しく作成されているか確認してみましょう。.tableコマンドを実行します。

```
sqlite> .table ↵
test_table
```

なお他のRDBMSでは、ユーザー認証やIPアドレスの制限を設けて、データベースにアクセスできるユーザーやクライアントを制限するのが一般的です。SQLiteではそのような設定がありませんが、他のRDBMSを操作する際は、認証機構について学習する必要があります。

5-4-5 データの挿入(INSERT文)

テーブルが作成できたら、実際にデータを挿入してみましょう。データの挿入にはSQLクエリーの**INSERT文**を使用します。

```
INSERT INTO テーブル名 VALUES(値1, 値2, ...);
```

たとえばtest_tableテーブルに次のデータを登録してみましょう(**表5-6**)。

表5-6 ▶ 登録するデータ

カラム	データ
id	101
memo	最初のメモ

INSERT文でデータを追加するには、次のようなINSERT文を実行します。

```
sqlite> INSERT INTO test_table (id,memo) VALUES (101,'最初のメモ'); ↵
```

なお、すべてのカラムデータを登録する(一部のカラムだけではなく)場合は、次のようにカラム名を省略することもできます。

```
sqlite> INSERT INTO test_table VALUES (101,'最初のメモ'); ↵
```

試しに値を変えて、他のデータも登録しておきましょう。何もエラーメッセージが表示されなければ成功です。定義したカラム型に対し、別のタイプのデータを挿入しようとすると、「Error: no such column: ○○」といったエラーメッセージが表示されます。

なお、TEXT型データを挿入する場合は、「" "（ダブルクォート）」や「' '（シングルクォート）」などを使って前後を囲むようにしてください。

5-4-6 データの抽出（SELECT文）

テーブルに格納されているデータを抽出するには、SQLクエリーの**SELECT文**を使用します。

```
SELECT カラム名1, カラム名2, ... FROM テーブル名;
```

たとえばtest_tableテーブルからすべてのデータを抽出して表示するには、次のようにSELECT文を実行します。

```
sqlite> SELECT * FROM test_table; ↵
101|最初のメモ
102|次のメモ
103|その次のメモ
```

注：表示されるデータは登録されたデータによって異なります。

SQLLiteでは、.modeコマンドに続けて出力モードを指定すると、表示方法を変えることができます。出力モードにはline形式／column形式／HTML形式／CSV形式などを指定することができます。詳しくは「.help」コマンドで表示されるヘルプ画面を参照してください。それぞれの出力例を次に挙げています。

```
sqlite> .mode line ↵    line形式で表示
sqlite> SELECT * FROM test_table; ↵
   id = 101
```

```
memo = 最初のメモ

   id = 102
memo = 次のメモ

   id = 103
memo = さらに次のメモ
```

```
sqlite> .mode column ↵ column形式で表示
sqlite> SELECT * FROM test_table; ↵
id   memo
---  -----
101  最初のメモ
102  次のメモ
103  さらに次の
```

```
sqlite> .mode html ↵  HTML形式で表示
sqlite> SELECT * FROM test_table; ↵
<TR><TH>id</TH>
<TH>memo</TH>
</TR>
<TR><TD>101</TD>
<TD>最初のメモ</TD>
</TR>
<TR><TD>102</TD>
<TD>次のメモ</TD>
</TR>
<TR><TD>103</TD>
<TD>さらに次のメモ</TD>
```

```
sqlite> .mode csv ↵ CSV形式で表示
```

```
sqlite> SELECT * FROM test_table;
id,memo
101,"最初のメモ"
102,"次のメモ"
103,"さらに次のメモ"
```

条件付きでデータの抽出を行いたい場合は、SELECT文に**WHERE句**を付け加えます。たとえば、「id」が「101」より大きいものだけを表示したい場合は、「WHERE id > 101」を加えます。また「WHERE id = 101」とすれば、「id」が「101」に一致するものを表示します。

```
sqlite> SELECT * FROM test_table WHERE id > 101;
102|次のメモ
103|さらに次のメモ
sqlite> SELECT * FROM test_table WHERE id = 101;
101|最初のメモ
```

小数や整数といった数値型データでは、「< = > !=」といったPythonの条件式に指定するのと同じ比較演算子を用います。

テキスト型や文字列型といったデータでは、**like演算子**で部分一致検索を行えます。たとえば、memoカラムに「次」を含むデータを表示するには、「WHERE memo like '%次%'」句を加えてSELECT文を次のように実行します。

```
sqlite> SELECT * FROM test_table WHERE memo like '%次%';
102|次のメモ
103|さらに次のメモ
```

「SELECT * FROM [テーブル名]」では、すべてのカラムデータが表示されます。表示したいカラムを限定するには、「SELECT カラム名1,カラム名2 FROM テーブル名」とSELECT文を使って次のように実行します。

```
sqlite> SELECT memo,id FROM test_table;
最初のメモ|101
次のメモ|102
さらに次のメモ|103
```

表示されるデータの件数(行数)を限定したい場合は**limit句**を加えます。「limit [表示オフセット],[表示数]」のように使用します。2件目から1つだけデータを表示するには、「limit 1,1」とします。オフセットは0からカウントし、1件目が「0」になるため注意してください。

```
sqlite> SELECT * FROM test_table limit 1,1; ↵
102|次のメモ
```

5-4-7 データの更新(UPDATE)

テーブルに格納されているデータを更新するには、SQLクエリーの**UPDATE文**を使用します。条件を指定しないと全データが更新されてしまうため、更新したいデータを**WHERE句**で指定する必要があります。

```
UPDATE テーブル名 SET カラム名1 = 値1, カラム名2 = 値2, ... WHERE 条件式;
```

「id」カラムの値が「102」に一致するデータの「memo」カラムの値を「書き換える」と更新するには、次のようにUPDATE文を実行します。

```
sqlite> UPDATE test_table SET memo='書き換える' WHERE id = 102; ↵
```

更新できているかSELECT文で確認しましょう。

```
sqlite> SELECT * FROM test_table WHERE id = 102; ↵
102|書き換える
```

5-4-8 データの削除(DELETE文)

テーブルに格納されているデータを削除するにはSQLクエリーの**DELETE文**を使用します。条件を指定しないと全データが削除されてしまうため、削除したいデータを**WHERE句**で指定します。

```
DELETE FROM テーブル名 WHERE 条件式;
```

たとえば、「id」カラムの値が「102」に一致するデータを削除するには、次のようにDELETE文を実行します。

```
sqlite> DELETE FROM test_table  WHERE id = 102; ↵
```

削除できているかSELECT文で確認しましょう。

```
sqlite> SELECT * FROM test_table; ↵
101|最初のメモ
103|さらに次のメモ
```

「102」のデータが削除されている

データベースの操作のまとめ

- DjangoはをSQLiteも一緒にインストールされるが、他のRDBMSを利用することもできる
- RDBMSは、SQLクエリーを使ってデータを操作する
- SQLiteは、データベースをファイルで管理する簡易的なデータベースである
- SQLiteのコマンドラインツールsqlite3を使うことによって、SQLモードやコマンドモードに切り替えることができる
- テーブルを作成するには、SQLクエリーのCREATE文を使用する
- データを挿入するには、SQLクエリーのINSERT文を使用する
- データを抽出するには、SQLクエリーのSELECT文を使用する
- データを更新するには、SQLクエリーのUPDATE文を使用する
- データを削除するには、SQLクエリーのDELETE文を使用する
- 対象データを限定する場合はWHERE句を、表示件数を制限するにはLIMIT句を使用する

5-5 Templateの利用

Djangoでは、Templateを利用することで、Webアプリケーションの機能を担うPythonコードと、デザインを担うHTMLタグを分離することができます。PythonコードにHTMLタグを直接埋め込む必要がないため、Pythonコードの可読性が高くなります。またWebデザイナーはWebページのデザインに集中できます。Webアプリケーションを効率よく開発するのに、Templateが役立ちます。

5-5-1 Templateの役割

DjangoはMTVアーキテクチャーを採用したWebアプリケーションフレームワークであることは前述しました。MTVアーキテクチャーでは、Webアプリケーションに必要な機能をModel／Template／Viewに分け、それぞれをモジュール化してPythonコードやHTMLファイルを用意します。**Model（モデル）は「どういったデータを扱うか」、Template（テンプレート）は「どう見せるか」、Viewは「どうデータを制御するか」**といった役割をそれぞれ担っています（**図5-17**）。

図5-17 ▶ DjangoのMTVアーキテクチャー（図5-5再掲）

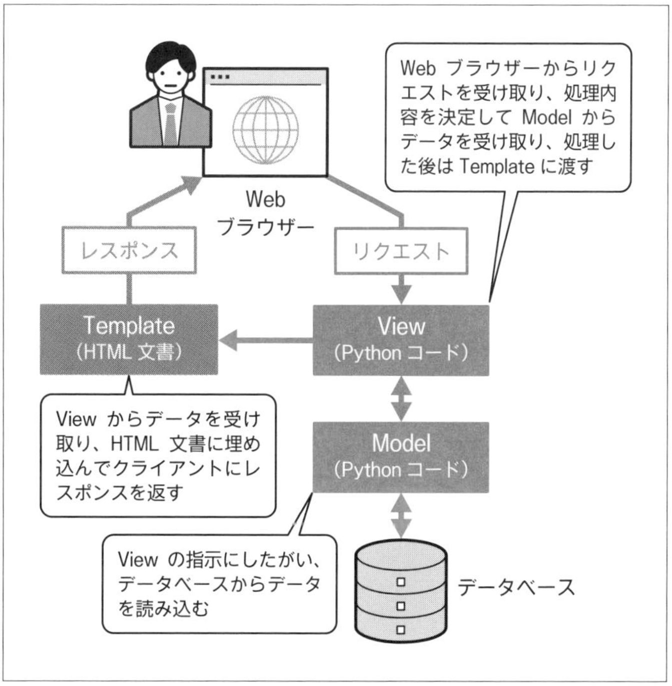

5-3では、ModelやTemplateも使用せず、Viewだけで Webアプリケーションmyappを作成しました。そのため、直接views.pyファイルにHTMLタグを差し込み、Viewだけでレスポンスを返すようにしていました。

Templateを使わずに、ViewだけでもWebアプリケーションを作ることができますが、HTMLタグに変更を加えたい場合は、わざわざPythonコード（views.py）を修正することになります。

またCSSファイルや画像を使った複雑なWebページになると、HTMLタグとPythonコードが紛れてしまい、可読性が悪くなります。PythonコードからHTMLタグを分離するには、Templateの使用は欠かせません。

DjangoのTemplateは、テンプレートエンジンによって実現されており、テンプレート専用言語を使用します。

5-5-2 Templateフォルダの作成と設定ファイルの修正

5-3で作成したmyappに簡単なTemplateを追加してみましょう。

最初に、Djangoプロジェクトフォルダ内にTemplateファイルを保存するtemplatesフォルダ（templatesはフォルダ名）を作成します（**図5-18**）。

図5-18 ▶ templatesフォルダの作成

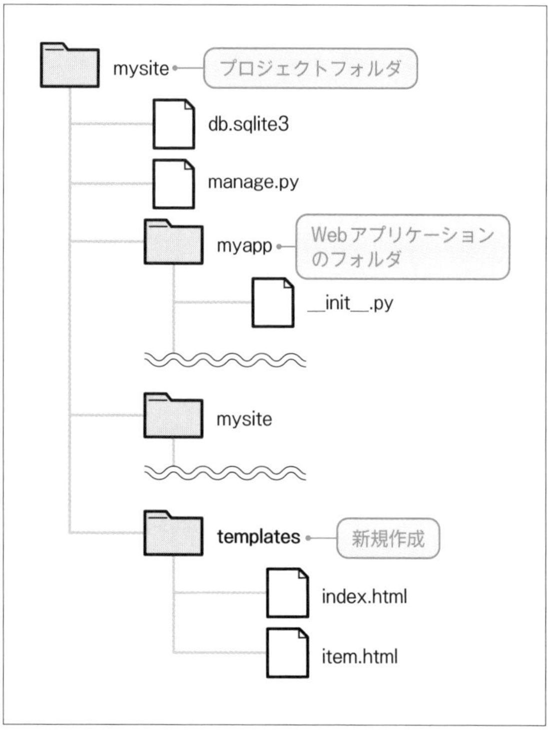

ここではmkdirコマンドを使ってフォルダを作成していますが、エクスプローラー(macOSではFinder)を使って作成することもできます。

・Windowsの場合

```
> cd %HOMEPATH%¥mysite ↵
> mkdir templates ↵
> dir ↵
...省略...

2022/06/18  13:27    <DIR>          .
2022/06/18  13:27    <DIR>          ..
2022/06/16  02:13                 0 db.sqlite3
2022/06/16  00:22               684 manage.py
2022/06/16  02:54    <DIR>          myapp
2022/06/16  01:01    <DIR>          mysite
2022/06/18  13:27    <DIR>          templates 作成できているのを確認
               2 個のファイル                 684 バイト
               5 個のディレクトリ  33,110,859,776 バイトの空き領域
```

・macOS／Linuxの場合

```
$ cd ~/mysite ↵
$ mkdir templates ↵
$ ls -l ↵
total 24
-rw-r--r--   1 gihyotaro  staff  8192  6 17 01:10 db.sqlite3
-rwxr-xr-x   1 gihyotaro  staff   662  6 17 00:28 manage.py
drwxr-xr-x  11 gihyotaro  staff   352  6 17 00:36 myapp
drwxr-xr-x   8 gihyotaro  staff   256  6 17 00:36 mysite
drwxr-xr-x   2 gihyotaro  staff    64  6 18 13:44 templates
作成できているのを確認
```

作成したtemplatesフォルダを、テンプレートを保存するフォルダとして使えるよう、Djangoプロジェクトの設定ファイルsettings.pyに記述します(**図5-19**)。

図5-19 ▶ settings.pyの変更

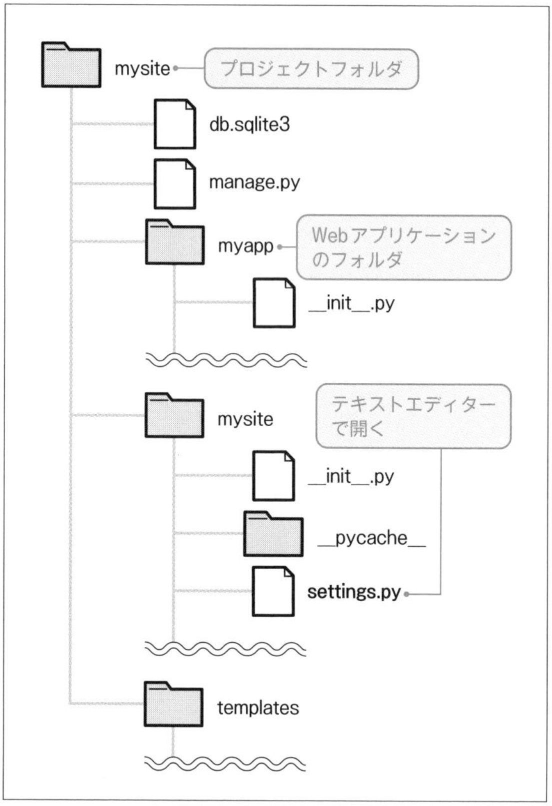

settings.pyをテキストエディターで開き、「TEMPLATES = [ ]」ブロックの前に「import os」を1行追加して、さら次のように「DIRS': [ ]」行を修正します。

```
ROOT_URLCONF = 'mysite.urls'
省略
import os 追加
TEMPLATES = [
    {
        'BACKEND': 'django.template.backends.django.
 DjangoTemplates',
        'DIRS': [os.path.join(BASE_DIR, 'templates'),], 修正
        'APP_DIRS': True,
        'OPTIONS': {
            'context_processors': [
                'django.template.context_processors.debug',
                'django.template.context_processors.request',
```

```
                'django.contrib.auth.context_processors.auth',
                'django.contrib.messages.context_processors.messages',
            ],
        },
    },
]
```

5-5-3 Templateファイルの作成

templatesフォルダにindex.htmlファイルを新規に作成し、「ようこそPythonの世界へ！」と表示するHTMLを記述します(**図5-20**)。

図5-20 ▶ Templateファイルの作成

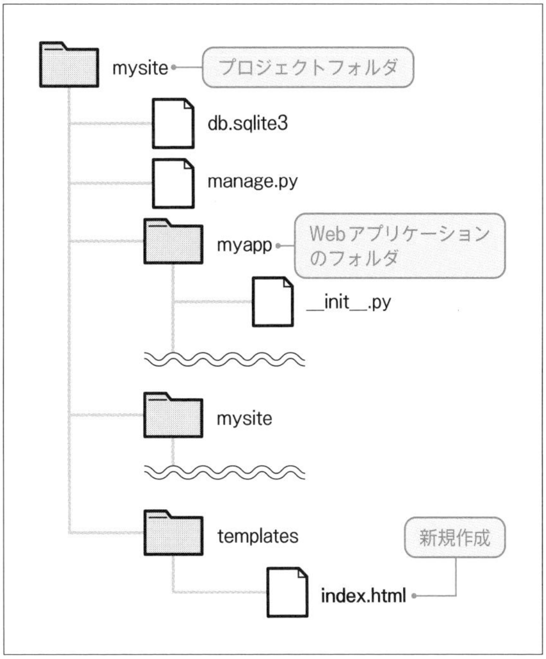


```
<!DOCTYPE html>
<html>
<head lang="ja">
    <meta charset="UTF-8">
```

```
    <title>Djangoを使ったWebアプリケーション開発</title>
</head>
<body>
<h1>ようこそPythonの世界へ！</h1>
</body>
</html>
```

5-5-4 Viewの修正

Webアプリケーションmyappフォルダ内のviews.pyにコードを追加し、Templateファイルを使ってクライアントにレスポンスを送信するように、hello( )関数を新たに追加します（**図5-21**）。

図5-21 ▶ Viewの修正

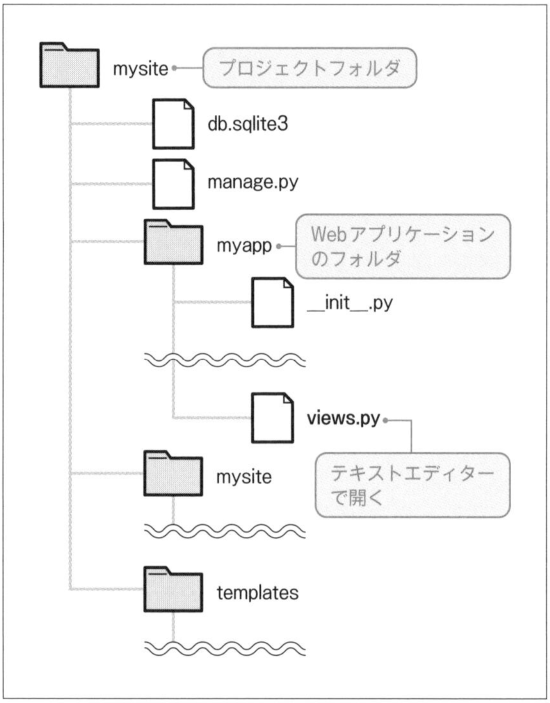

テキストエディターでmyappフォルダ内のviews.pyファイルを開いて、次のように修正します。

```
from django.shortcuts import render
from django.http import HttpResponse
from django.shortcuts import render

```

```
# Create your views here.
def index(request):
    html = "<h1>myappのウェルカムページです</h1>"
    return HttpResponse(html)

def foo(request):
    html = "<h1>fooが指定されたときのページです</h1>"
    return HttpResponse(html)

def hello(request):                          追加
    return render(request, 'index.html')     追加
```

Viewが直接Webブラウザーにレスポンスを送信する場合は、「return HttpResponse("HTMLドキュメント")」と`HttpResponse( )`を返していますが、Templateに処理を渡す場合は、「return render(request, 'テンプレートファイル名')」と、`render( )`を返します。

5-5-5 URLディスパッチャーの追加

URLディスパッチャーを追加し、Webブラウザーで「http://サーバーのアドレス/myapp/hello 」にアクセスした際に、Viewで定義した`hello( )`関数を実行するようにします。myappフォルダ内のurls.pyファイルをテキストエディターで開きます(**図5-22**)。

urls.pyファイルを開いて、次のようなPythonコードを追加します。

```
from django.urls import path
from . import views

urlpatterns = [
    path('' , views.index, name = 'index' ),
    path('foo' , views.foo, name = 'foo' ),
    path('hello', views.hello, name='hello'),   追加
]
```

図5-22 ▶ URLディスパッチャーの追加

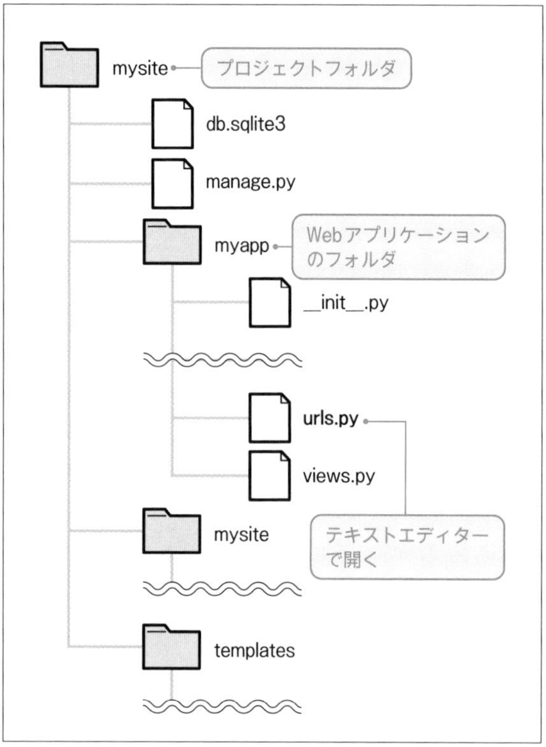

5-5-6 動作確認

ここまでの作業が完了したら、設定を反映するため開発サーバーを起動(または再起動)します。開発サーバーが既に起動している場合は、起動したターミナル(またはコマンドプロンプト)上 Ctrl キーと C キーを同時にタイプし終了させてください。開発サーバーが停止された状態で、再度開発サーバーを起動します。「manage.py」があるフォルダに移動し、次のようにコマンドを実行します。

・Windowsの場合

```
> cd %HOMEPATH%¥mysite ↵
> python manage.py runserver ↵
```

・macOS／Linuxの場合

```
$ cd ~/mysite
$ python manage.py runserver
```

Webブラウザーで「http://127.0.0.1:8000/myapp/hello」にアクセスします。すると、次のようにTemplateに記述したHTML文書がWebページとして表示されます（**図5-23**）。

図5-23▶動作確認

5-5-7 Templateに変数やデータを差し込む

先ほど作成したTemplateファイルは、あらかじめ用意したHTMLを表示するだけの簡単なものでした。Viewからデータや変数を差し込めるようにするには、Djangoテンプレート言語を使ってTemplateファイルを記述します。またTemplateに値を差し込めるように、View（views.py）を修正します。

先にView（myappフォルダ下のviews.py）ファイルを修正します。テキストエディターで開きます（**図5-24**）。

図5-24 ▶ Templateに変数やデータを差し込む

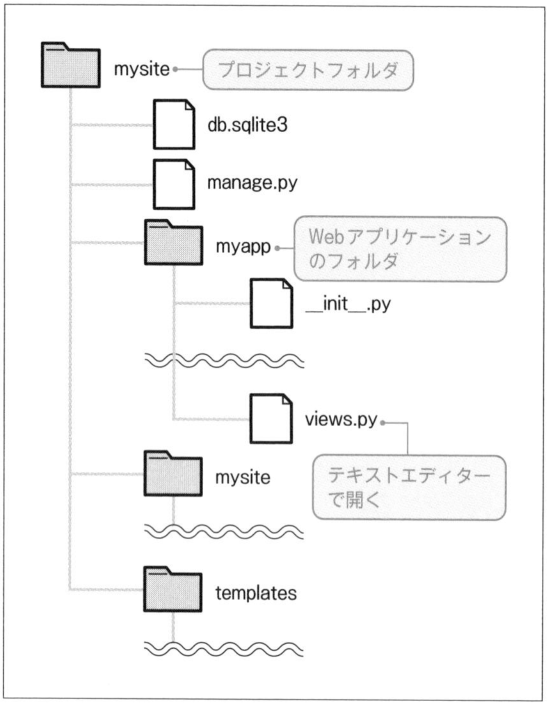

Templateに現在時刻（変数名：datetime）とメッセージ（変数名：message）を渡すには、views.pyファイルの`hello( )`関数を修正します。

```
from django.shortcuts import render
from django.http import HttpResponse
from datetime import datetime 追加

# Create your views here.
def index(request):
    html = "<h1>myappのウェルカムページです</h1>"
    return HttpResponse(html)

def foo(request):
    html = "<h1>fooが指定されたときのページです</h1>"
    return HttpResponse(html)

```

```
#def hello(request):                                コメントアウト
# return render(request, 'index.html')              コメントアウト

ここから追加
def hello(request):
    context = {
        'datetime': datetime.now(),
        'message': 'Templateを使ってみよう！',
    }
    return render(request, 'index.html', context)
ここまで追加
```

変数をTemplateに渡すには、「return render(request, 'テンプレートファイル名', ディクショナリー型変数)」のように、render( )関数の第3引数にディクショナリー型変数を追加します。ディクショナリー型変数は、キーと値をペアにして、複数の要素を管理するためのデータ型です。リストと同じく複数の要素を集めたデータですが、キーを利用して要素を取り出すことができます。

Template側では、render関数の第三引数に渡したディクショナリー型変数のキー名がそのまま変数名として利用できるようになります。その際Templateには、「{{ 変数名 }}」と記述します。

次に、templatesフォルダ下のTemplateファイルを修正しましょう（**図5-25**）。

図5-25 ▶ Templateファイルの修正

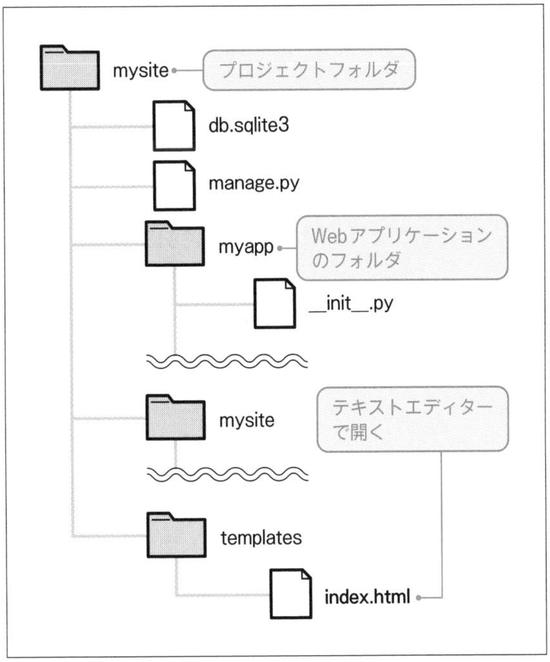


```
<!DOCTYPE html>
<html>
<head lang="ja">
    <meta charset="UTF-8">
```

```
    <title>Djangoを使ったWebアプリケーション開発</title>
</head>
<body>
<h1>ようこそPythonの世界へ！</h1>
<h2>時刻：{{ datetime }}</h2>        追加
<h2>メッセージ：{{ message }}</h2>  追加
</body>
</html>
```

動作を確認するには、Webブラウザーを使って「http://127.0.0.1:8000/myapp/hello 」にアクセスします。開発サーバーを再起動する必要はありません。次のような画面が表示されていれば成功です（**図5-26**）。

図5-26 ▶動作確認

開発サーバーを再起動しなくても変更は反映されますが、キャッシュが有効な場合は、前の画面と変わらない場合があります。その場合は、一旦開発サーバーを終了し、再度起動してください。

Templateの利用のまとめ

- DjangoのMTVアーキテクチャーでは、Templateを使用することでPythonコードとHTMLタグを分離することができる
- Templateは「どう見せるか」など、Webページのデザインを担っている
- DjangoのTemplateファイルには、HTMLタグとDjangoテンプレート言語を使用する
- Templateに変数を埋め込むには、Djangoテンプレート言語を使って「{{ 変数名 }}」と記述する
- ViewからTemplateに変数を渡すには、「return render(request, 'テンプレートファイル名', ディクショナリー型変数)」のように、`render( )`関数の第3引数にディクショナリー型変数を指定する

5-6 Modelの利用

5-5から引き続いて、ここではWebアプリケーションmyappをベースに、Modelを使ったWebアプリケーションを作成します。Modelを使用することで、データベースからデータを抽出して、Webページに表示するといったことが可能になります。

5-6-1 データベースとModelクラス

データベースにはWebサイトに必要なデータが保存されます。オンラインショッピングであれば、商品アイテムや在庫数といったデータを、ブログサイトであれば投稿された記事や閲覧記録などのデータをデータベースに保存しています。Webサービスを構築するのにデータベースは欠かせません。

Model（モデル）はデータベースへのアクセスを担います。Modelを使用することで、データに対する**Create（生成）**、**Read（読み取り）**、**Update（更新）**、**Delete（削除）**といった**CRUD機能**を、Webアプリケーションに実装することができます。ここでは、Read機能に絞って実装方法を解説します。

Modelを作る前に、データベースにテーブルを作るCREATE文について、おさらいしてみましょう。SQLをクエリーのCREATE文は、次のように発行しました。

```
CREATE TABLE "テーブル名" (
    カラム1 データ型 {制約},
    カラム2 データ型 {制約},
);
```

注：制約とはカラムのデータ長、UNIQUE制約、PRIMARY KEY制約などです。

上のCREATE文を元に、Modelクラスを作ると次のようになります。

```
class テーブル名(Model):
    カラム名1 = データ型(制約)
    カラム名2 = データ型(制約)
```

Modelクラスのクラス名は、データベースのテーブル名になります。Modelクラスやデータベースのテーブルを作成する際は、クラス名やクラス変数、データ型を次のように対応させる必要があります。

- **データベース→Modelクラス**
- **テーブル名→クラス名(実際は、「アプリ名_クラス名」)**
- **カラム名→クラス変数名**
- **データ型→クラス変数に代入するオブジェクト**
- **制約→Fieldクラスのオプション**

5-6-2 Modelの作成

それでは、**表5-7**にあるようなテーブルを作成しながら、Modelクラスを利用する方法を解説していきます。データベースはDjangoデフォルトのSQLiteを使用します。

表5-7 ▶ itemテーブル

カラム名	データ型	用途
code	INTEGER(整数)	商品コード
name	TEXT(テキスト)	商品名
price	INTEGER(整数)	価格

表5-7の内容をCREATE文にした場合、次のようなSQL文になります(**このCREATE文は実行しないでください**)。

```
sqlite> CREATE TABLE item ( ↵
   ...>     code INTEGER, ↵
   ...>     name TEXT, ↵
   ...>     price INTEGER ↵
   ...> ); ↵
```

なお今回は、上記のCREATE文は実際には実行しません。Djangoでは、Modelクラスを作成すると、それと同じ内容のテーブルを自動的に作成できるためです。

itemテーブルに対応したModelクラスを作成します。Modelクラスを作成するには、myappフォルダ内のmodels.pyファイルをテキストエディターで開きます（**図5-27**）。

図5-27 ▶ models.pyファイルの修正

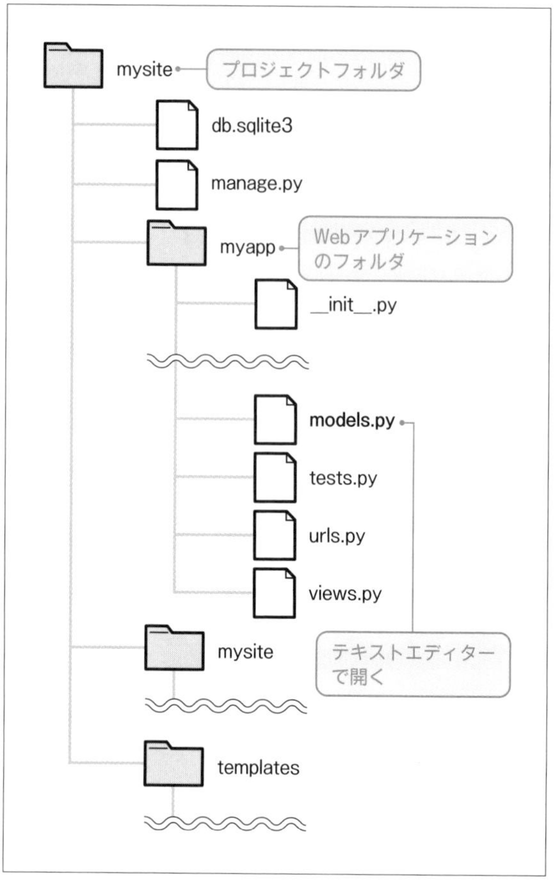

models.pyファイルを開いて次のように修正します。

```
from django.db import models

# Create your models here.
class item(models.Model):                  追加
    code = models.IntegerField()           追加
    name = models.TextField()              追加
    price = models.IntegerField()          追加
```

クラス名にはテーブル名と同じ「item」を、クラス変数（code／name／price）にカラム名を使用します。クラス変数に代入するオブジェクト型でデータ型を表しています。整数型であれば`IntegerField( )`を、テキスト型であれば`TextField( )`を使用します。他にも、`models.CharField( )`や`models.DateField( )`など、データベースのカラム型に相当するものが、DjangoのModelクラスには用意されています。

カラムに登録するデータの長さや、省略可能かどうか(NULL制約)といったカラム属性や制約条件は、クラス変数に代入するオブジェクトのオプションとして指定します。

今回は制約を設定しないため、オプションを指定していませんが、デフォルトで「NOT NULL制約」が有効になっています。そのため一部のカラムデータを省略すると(たとえばcodeとpriceだけ登録してnameを省略するなど)、データを登録することができなくなります。データを挿入する場合は、すべてのカラムデータを揃えてから登録します。

5-6-3 設定ファイルの修正

データベースと連携するには、プロジェクト設定ファイルsettings.pyを修正し、データベースのタイプやデータベースサーバーのアドレス、接続に必要なユーザー名やパスワードなどを設定します(**図5-28**)。

デフォルトでSQLiteを利用するように設定されているため、今回は修正の必要はありませんが、MySQLやPostgreSQLなど、他のデータベースサーバーを利用する場合は、設定が必要です。

図5-28 ▶ settings.pyの修正

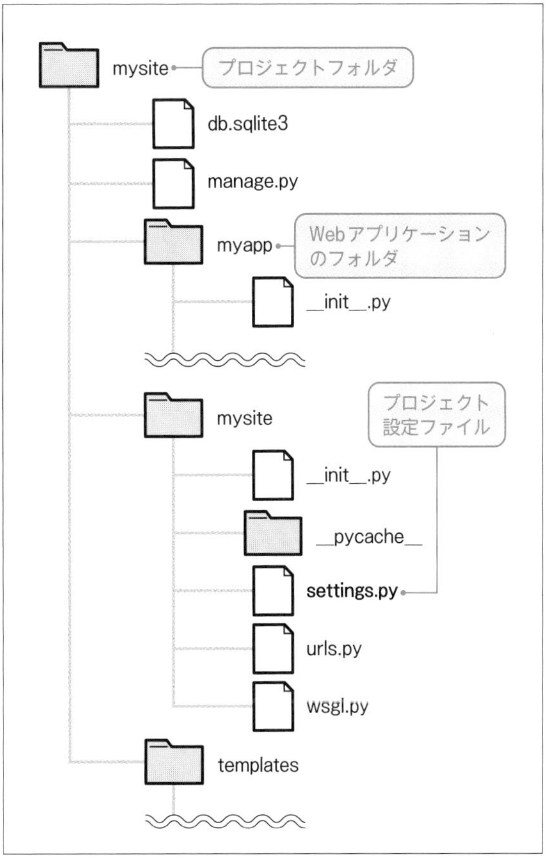

```
DATABASES = {
    'default': {
        'ENGINE': 'django.db.backends.sqlite3',
デフォルトでSQLiteが設定(今回は修正の必要無し)
        'NAME': BASE_DIR / 'db.sqlite3',
SQLiteのデータベースファイルのパス(今回は修正の必要無し)
    }
}
```

5-6-4 Modelとデータベースの同期

次に作成したModelクラスを元にデータベースに反映し同期する作業を行います。この作業をDjangoでは、**マイグレーション**と呼んでいます。

テーブルに対応するようにModelクラスを作成し、マイグレーションを実行すると、Modelクラスで作成したのと同じ内容でテーブルが作成されます。

マイグレーションを実行するには、次の順番でコマンドを実行します。

①「python manage.py makemigrations Webアプリケーション名」の実行
②「python manage.py migrate」の実行

図5-29 ▶マイグレーションの実行

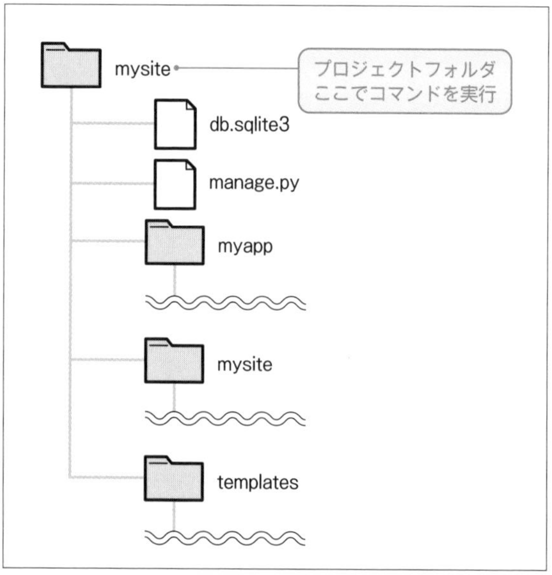

mysiteプロジェクトフォルダ(manage.pyファイルがあるフォルダ)に移動し、コマンドを実行します(**図5-29**)。

```
> python manage.py makemigrations myapp ↵   マイグレーションファイルの作成
Migrations for 'myapp': myapp_item
```

```
  myapp/migrations/0001_initial.py
    - Create model item

> python manage.py migrate ↵          マイグレーションの実行
Operations to perform:
  Apply all migrations: admin, auth, contenttypes, myapp, sessions
Running migrations:
  Applying contenttypes.0001_initial... OK
  Applying auth.0001_initial... OK
  Applying admin.0001_initial... OK
  Applying admin.0002_logentry_remove_auto_add... OK
  Applying admin.0003_logentry_add_action_flag_choices... OK
  Applying contenttypes.0002_remove_content_type_name... OK
  Applying auth.0002_alter_permission_name_max_length... OK
  Applying auth.0003_alter_user_email_max_length... OK
  Applying auth.0004_alter_user_username_opts... OK
  Applying auth.0005_alter_user_last_login_null... OK
  Applying auth.0006_require_contenttypes_0002... OK
  Applying auth.0007_alter_validators_add_error_messages... OK
  Applying auth.0008_alter_user_username_max_length... OK
  Applying auth.0009_alter_user_last_name_max_length... OK
  Applying auth.0010_alter_group_name_max_length... OK
  Applying auth.0011_update_proxy_permissions... OK
  Applying auth.0012_alter_user_first_name_max_length... OK
  Applying myapp.0001_initial... OK  myappの初期化に成功している
  Applying sessions.0001_initial... OK
```

実際にテーブルが作成できているか確認しましょう。一度でも開発サーバーを起動していれば、db.sqlite3ファイルが作成されているはずです。

ファイルを確認できたら、次のようにデータベースファイル名を引数にsqlite3コマンドを実行します。

```
> sqlite3 db.sqlite3 ↵
SQLite version 3.38.2 2022-03-26 13:51:10
```

```
Enter ".help" for usage hints.
```

「sqlite>」プロンプトが返ってきたら「.table」と入力します。1文字目の「.(ドット)」を忘れないようにしてください。作成済みのテーブル一覧が表示され、その中に先ほど作成したModelクラスに対応するテーブルのmyapp_itemがあることを確認します。

```
sqlite> .table ↵
auth_group                  django_admin_log
auth_group_permissions      django_content_type
auth_permission             django_migrations
auth_user                   django_session
auth_user_groups            myapp_item    myapp_itemテーブルができている
auth_user_user_permissions
```

Djangoのデフォルトでは、テーブル名に「Webアプリケーション名_Modelクラス名」が使われます。

続いてテーブルを作成した際に発行されたCREATE文を確認してみましょう。「.schema テーブル名」を入力して実行します。

```
sqlite> .schema myapp_item ↵
CREATE TABLE IF NOT EXISTS "myapp_item" ("id" integer NOT NULL
PRIMARY KEY AUTOINCREMENT, "code" integer NOT NULL, "name" text NOT
NULL, "price" integer NOT NULL);
```

各カラムにNOT NULL制約が付いているのが確認できます。Djangoのデフォルトでは、Modelクラスでカラムの制約を省略しても、デフォルトでNOT NULL制約が有効になります。

この後、実際にWebコンテンツとして表示できるようデータを登録しておきましょう。登録するには、SQLクエリーのINSERT文を使用します。codeには整数を、nameには商品名を、priceには価格を、それぞれ適当のものを入力してください。

```
sqlite> INSERT INTO myapp_item (code, name, price) VALUES (101,
'Nginx ポケットリファレンス', 3002); ↵
sqlite> INSERT INTO myapp_item (code, name, price) VALUES (102,'サー
バ構築の実際がわかる Apache[実践]運用/管理 ', 3218); ↵
```

```
sqlite> INSERT INTO myapp_item (code, name, price) VALUES (103, 'rsyslog 実践 ログ管理入門', 3218);
```

5-6-5 Modelを使って表示する

Modelとデータベースの同期が完了したところで、データベースからデータを取得しWebページとして表示するよう、TemplateやViewを作成します。

テンプレートファイルの作成

テンプレートファイルを作成します。ここで作成するのは、商品コード(code)、商品名(name)、価格(price)を表示する簡単なWebページです。mysiteプロジェクトフォルダ下のtemplatesフォルダ内に新規にitem.htmlファイルを作成します(**図5-30**)。

図5-30 ▶テンプレートファイルの作成

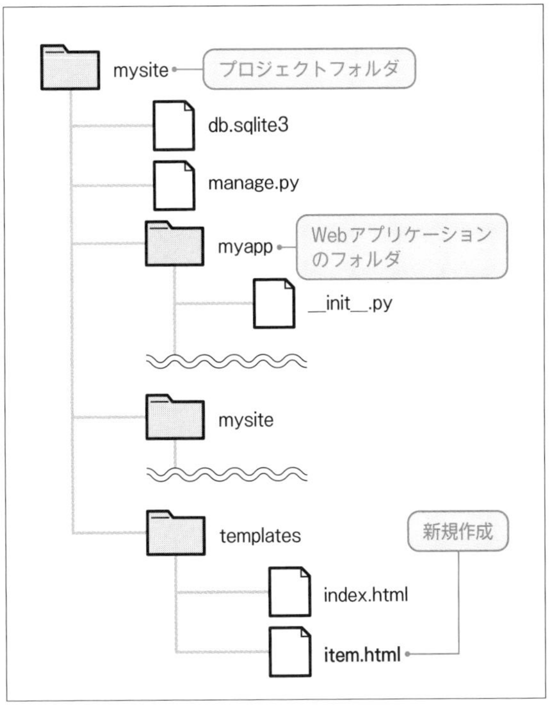

item.htmlを次のような内容で記述して保存してください。日本語を使用しているため、文字コードに**UTF-8**を使用します。

```
<html>
<head>
```

```
  <meta http-equiv="Content-Type" content="text/html; charset=utf-8">
  <title>{{ item.name }}</title>
</head>
<body>
<center>
<h2>商品検索結果</h2>
<table border=1>
    <tbody>
        <tr>
            <th>商品コード</th>
            <td>{{ item.code }}</td>
        </tr>
        <tr>
            <th>商品名</th>
            <td>{{ item.name }}</td>
        </tr>
        <tr>
            <th>価格</th>
            <td>{{ item.price }}円</td>
        </tr>
    </tbody>
</table>
<br>
</center>
</body>
</html>
```

テンプレートファイル中の「{{ item.name }}」がデータベースのカラムデータを差し込む個所になります。Djangoテンプレート言語では「{{ 変数名 }}」で、Viewから渡される値を差し込みます。テンプレートエンジンが変数名を見つけると、変数を評価して値に置き換えて出力します。「{{ item.name }}」は、Viewから渡される「item」オブジェクトの「name」属性に置き換えられます。

オブジェクト名や属性名は、View側で設定します。「{{ item.name }}」が、itemテーブルのnameカラムの値になるように、Viewを設定します。

Viewの設定

Viewを設定します。myappフォルダの下にあるview.pyをテキストエディターで開きます（**図5-31**）。

図5-31 ▶ view.pyの変更

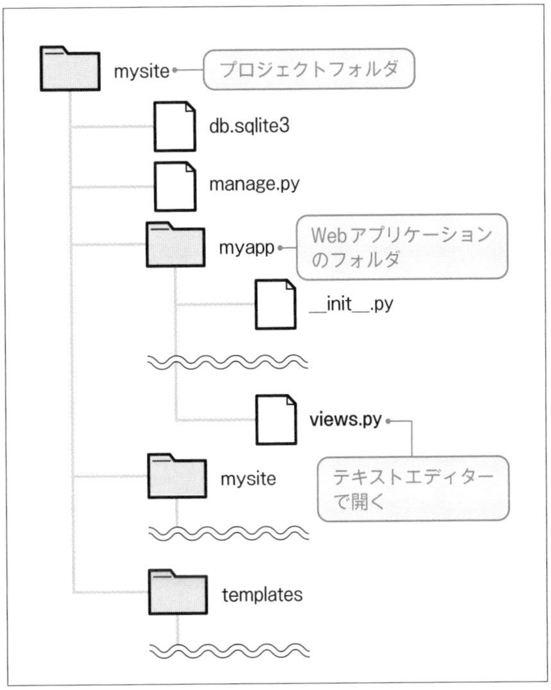

Modelからデータを取得しTemplateに渡す新たな関数を追加します。関数名はshow_item( )としています。

ここまででViewに定義する関数の引数は、HTTPリクエストを表すHttpRequestオブジェクトだけでしたが、今回はURLで指定される「item_code」も引数に加え、どの商品の情報を表示するのかを、URLに商品IDを追加することで指定できるようにしています。引数名の「item_code」はURLディスパッチャーで指定するものと合わせます。

```
from django.shortcuts import render
from django.http import HttpResponse
from datetime import datetime
from .models import item 追加

省略

ここから追加
def show_item(request,item_code):
    item_codeで指定された商品コードでデータベースを検索しデータを取得
    Item = item.objects.get(code=item_code)
    context = {'item':Item, }
    return render(request, 'item.html', context)
ここまで追加
```

「Item = item.objects.get(code=item_code)」では、Modelを使ってデータベースからcodeカラムがitem_codeで指定されたものを検索し、該当したデータをItemオブジェクトに代入しています。そのItemオブジェクトは、ディクショナリー型変数の「context」に、キー名「item」の値として代入します。これでTemplate側で「item.カラム名」でデータを参照できるようになります。

テンプレートとしてitem.htmlを使用するよう、「return render(request, 'item.html', context)」と指定してします。

URLディスパッチャーの追加

最後にURLディスパッチャーを修正します。myappフォルダ下のurls.pyをテキストエディターで開き編集します(**図5-32**)。

図5-32 ▶ urls.pyの変更

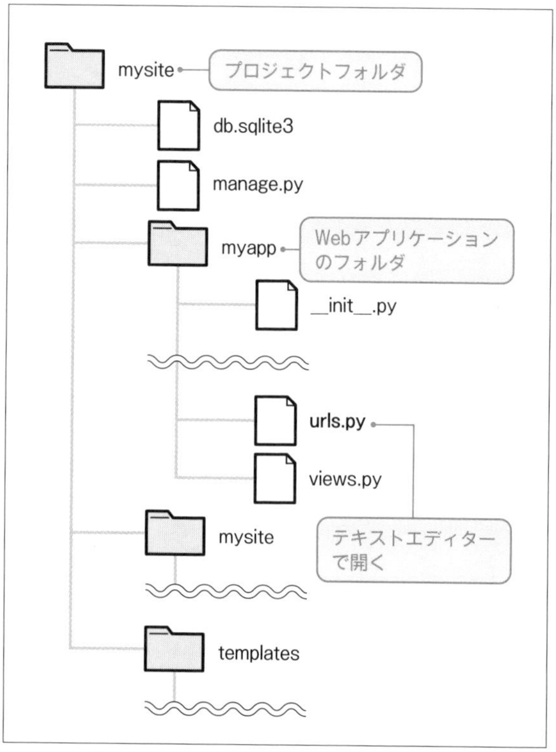

urls.pyを次のように修正し、urlpatternsリストに1行追加します。

```
from django.urls import path
from . import views

```

```
urlpatterns = [
    path('' , views.index, name = 'index' ),
    path('foo' , views.foo, name = 'foo' ),
    path('hello', views.hello, name='hello'),
    path('item/<int:item_code>', views.show_item, name='show_item'), 追加
]
```

path( )の第1引数にURLパスを定義し、第2引数に対応するビュー関数の名前を指定します。第1引数の「item/<int:item_code>」は、URLとして「http://サーバー名/myapp/item/商品コード」を表しています。

第2引数でshow_item関数を指定しています。第1引数の中で指定されている「<int:item_code>」により、int型のitem_codeという引数をViewに渡し、show_item(request, item_code)といった関数を呼び出します。

5-6-6 動作確認

ここまでの作業が完了したら、設定を反映するため開発サーバーを起動(または再起動)します。開発サーバーがすでに起動している場合は、起動したターミナル(またはコマンドプロンプト)上Ctrlキー+Cキーを同時にタイプして終了させてください。

開発サーバーが停止した状態で、再度開発サーバーを起動します。manage.pyがあるフォルダに移動し、次のようにコマンドを実行します。

```
> python manage.py runserver ↵
```

Webブラウザーで「http://127.0.0.1:8000/myapp/item/101」にアクセスします。「101」は商品コードです。INSERT文でデータを追加した際に指定したものをURLの末尾に付けて、Webブラウザーでアクセスしてみましょう。商品コードに一致したものがあれば、次のようにデータベース上のデータが表示されます(**図5-33**)。

図5-33 ▶動作確認結果

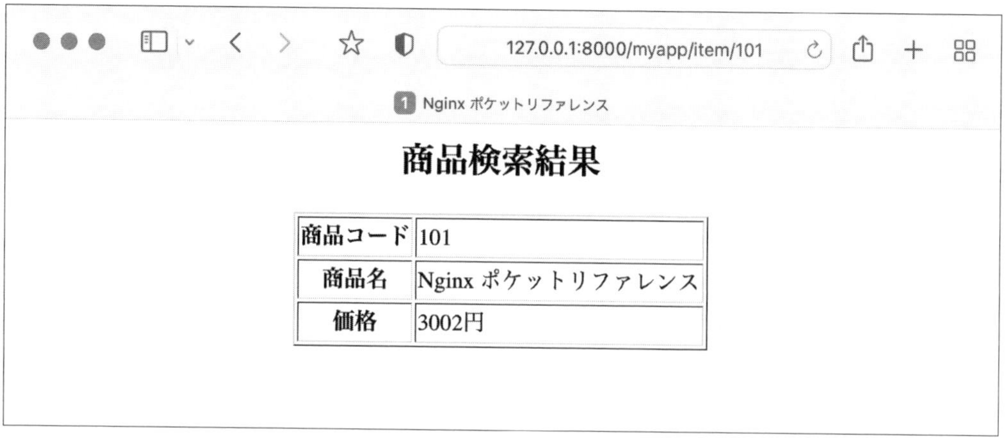

Modelの利用のまとめ

- Modelは、認証／データ抽出／登録／更新／削除など、データベースに関する処理を担う
- DjangoでModelクラスを作成してからマイグレーションを実行することで、Modelクラスとデータベースを同期させ、テーブルが自動で作成される
- Viewの中で、「Item = item.objects.get(カラム名=値)」と定義することで、「WHERE カラム名 = 値」を条件にデータベースからデータを抽出し、該当したものをItemオブジェクトに代入することができる

CHAPTER 6

実践編

データサイエンス（解析／分析）の基礎

データサイエンスの分野でもPythonが多用されています。その理由の1つとしてNumPy、Pandasといった優れたライブラリーが用意されていることが挙げられます。本章では、データサイエンスにPythonが使われるようになった経緯を解説し、NumPy、Pandasの利用方法について説明します。

6-1 データサイエンスとは

Pythonが注目されるようになった理由の1つとして、データサイエンスでの利用が挙げられます。本節では、データサイエンスの概要と、Pythonを使ったデータサイエンスの基本演習について解説を進めていきます。

6-1-1 非構造化データであるビックデータ

統計学、数学、計算機科学などの知識を駆使しながら、**ビックデータ**と呼ばれるような大量のデータから、何らかの規則性や意味を導き出すこと、またはその手法に関する研究を**データサイエンス**と呼びます。

言葉としては1960年代に定義されましたが、データにもとづいた合理的な判断を行うツールとしてビックデータが広く活用されるようになったことで、ここ最近データサイエンスの注目度は高まってきました。

また技術的にもApache Hadoopなどのビックデータを扱うIT基盤が普及したことで、企業や組織でのデータ活用が推し進められ、今まで気がつかなかったような潜在的なビジネスの発見に繋げることも可能になっています。

ビックデータは、膨大な**非構造化データ**です。非構造化データとは、特定の構造を持たないデータのことです。ビックデータには、メールやオフィスドキュメント、画像/動画/音声などのメディアデータ、システムログやバックアップ/アーカイブなど、ありとあらゆる種類のデータが存在しています。

それらはデータの形式や構造などがそれぞれ異なっており、それらをまとめたものが非構造化データといえます。データの形がバラバラであるため、決まった形式でデータを整理する従来のデータベースモデルにはうまく適合しません(**図6-1**)。

図6-1 ▶非構造化データ／構造化データ

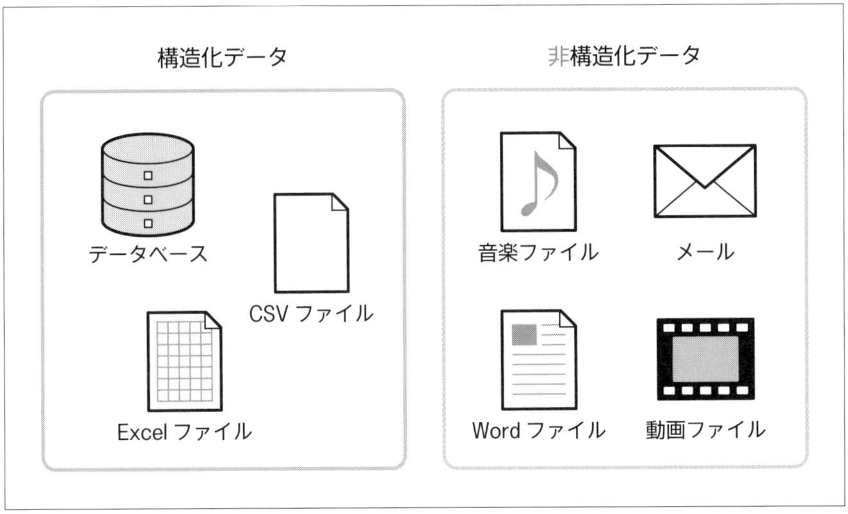

また非構造化データには、規則性を持つものと持たないものが存在します。何らかのフォーマットに沿った、規則性を持つデータであれば、解析や分析は可能です。しかし、規則性を持たないデータになると、解析や分析についても決まった手法がなく、その都度手法を確立する必要が出てきます。

6-1-2 データサイエンティストの業務

解析や分析が困難な大量の非構造化データのうち、規則性を持ったものに対し、何らかの意味がある法則性、関連性を導き出し、データにもとづいた合理的な判断を行い、組織や企業の意思決定者をサポートする立場の人を**データサイエンティスト**と呼びます。

データサイエンティストには統計解析やITのスキル、さらにビジネスや市場トレンドなど幅広い知識が求められ、ビジネスとITどちらの分野にも精通している必要があります（**図6-2**）。データサイエンティストとして行う主な業務は次の通りです。

- **大量の非構造化データの収集と、より分析／解析／集計しやすいフォーマットへのデータ変換**
- **プログラミング言語のRやPythonで作られた統計解析ツールによる作業**
- **データ主導型の手法によるビジネス課題への提案**

図6-2 ▶ データサイエンティストの業務フロー

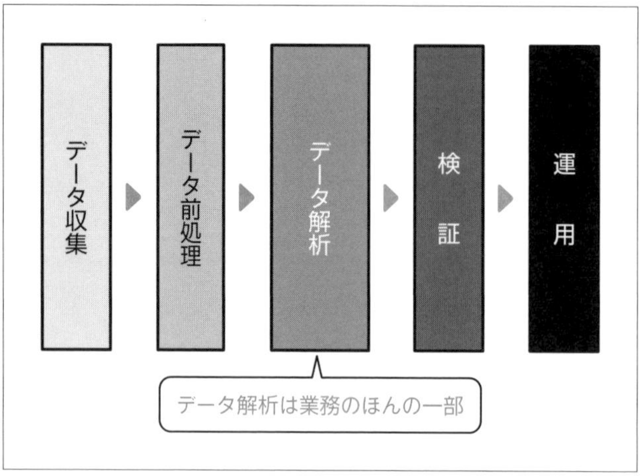

データサイエンスとはのまとめ

- データサイエンスとは何か、また注目される背景について理解する
- データサイエンティストの業務フローについて理解する
- 解析/分析が困難な大量の非構造化データに対し法則性や関連性などを導き出し、データにもとづいた合理的な判断を行い、組織や企業の意思決定者をサポートするのがデータサイエンティストである
- プログラミング言語のRやPythonで作られた統計解析ツールがよく利用されている

6-2 データサイエンスとPython

現在では、データ分析に適したさまざまなオープンソースソフトウェアが配布されており、それらのソフトウェアの多くがプログラミング言語のRやPythonで作られています。Pythonには、NumPy、Pandasといった高機能で使いやすい数学／科学計算用ライブラリーが充実しています。本節ではこれらのライブラリーについて、特徴や導入手順について解説します。

6-2-1 NumPyとは

NumPy（ナムパイ）とは、行列をはじめ多次元配列をサポートした数学関数、主に線形代数向けの数学／科学計算用拡張ライブラリーです。このライブラリーを使うことによって、高速な行列演算が可能になります。

NumPyの主な機能は次の通りです。詳しい使い方については6-3を参照してください。

- 配列の生成
- 配列形状の変更
- インデックス検索
- 配列の結合／分割
- 配列のソート
- 配列要素に対する演算
- 配列の走査
- 乱数生成
- 統計処理
- 線形代数処理
- ファイルの入出力

6-2-2 Pandasとは

Pandas(パンダス)とは、NumPyをベースに作られた数学／科学計算用拡張ライブラリーです。特徴として、**Series**(シリーズ)や**DataFrame**(データフレーム)と呼ばれるデータ構造を持っています。操作しやすく、平均や標準偏差などの統計処理を簡単に実行することができます。

Pandasの主な機能は次の通りです。詳しい使い方については、6-4を参照してください。

- 平均値や標準偏差などの統計データの算出
- データに対して統計情報を表示
- 行と行の相関係数を表示
- ヒストグラムや散布図を表示
- ExcelやCSVファイルの読み込みが可能
- プログラミング言語Rに似たデータ構造
- 1次元配列用のSeries
- 2次元配列用のDataFrame
- 3次元配列用のPanel
- ランダムシャッフル
- ランダムサンプリング

6-2-3 NumPyやPandasの導入

先ほど紹介したNumPyやPandasといったライブラリーは、1章で導入したAnacondaに含まれているため、別途インストールを行う必要はありません。

インストールされているかを確認するには、Windowsでは「Anaconda Prompt(anaconda3)」、macOSでは「ターミナル」を開いて、次のように「conda list ライブラリー名」を実行します。

```
> conda list numpy ↵  NumPyの場合
# packages in environment at C:\Users\gihyotaro\anaconda3:
#
# Name                    Version                   Build  Channel
```

```
numpy                1.21.5          py39h7a0a035_1
numpy-base           1.21.5          py39hca35cd5_1
numpydoc             1.2               pyhd3eb1b0_0
                                              インストール済み
> conda list pandas ↵      Pandasの場合
# packages in environment at C:\Users\gihyotaro\anaconda3:
#
# Name                 Version                  Build  Channel
pandas                 1.4.2           py39hd77b12b_0
インストール済み
```

Anaconda以外のPython実行環境では、パッケージ管理コマンドpipでオンラインインストールが可能です。Python 3.4以上がインストールされている環境であれば、pipコマンドは利用できます。

```
> pip install numpy ↵  Numpyをインストール
> pip install pandas ↵  Pandasをインストール
```


データサイエンスとPythonのまとめ

- データ分析では数学/科学計算用ライブラリーのNumPyやPandasを利用する
- NumPyやPandasの基本/構成要素/実行環境について理解する

6-3 NumPyの利用

6-2まででデータサイエンスの概要と、Pythonでデータサイエンス行うのに必要なライブラリーを紹介しました。本節では、数学関数(線形代数)ライブラリーであるNumPyの使い方について解説していきましょう。

6-3-1 本節で学習すること

本節では実際にNumpyを操作していきます。次の内容について理解を深めていきます。

- NumPyの基礎(6-3-2)
- 配列の生成(6-3-3)
- 配列の形状の変換(6-3-4)
- 配列のprint(6-3-5)
- 配列の演算(6-3-6)
- 配列のインデックス参照、スライス(6-3-7)
- ファイルの入出力(6-3-8)

Windowsでは「Anaconda Prompt(anaconda3)」、macOSでは「ターミナル」を開いて、コマンドを入力できるようにしてください。プロンプトが表示されたらPythonインタープリターを起動します。「>>>」プロンプトが表示され、Pythonコードを入力できるようにします。

```
> python ↵        Pythonインタープリターの起動
Python 3.9.12
省略
>>>               Pythonコードを入力
```

6-3-2 NumPyの基本操作

NumPyが扱う多次元配列に格納されるオブジェクトは同じ型のみになります。通常は整数や実数といった数値型オブジェクト（データ）が格納されます。NumPyにおいて、次元のことを**軸（axis）**、軸の数のことを**ランク（rank）**と呼びます。たとえば、次の配列はランク2（2次元）になります。

```
[[ 1., 3., 2.],
 [ 1., 1., 1.]]
```

NumPyの配列クラスは**ndarray**と呼ばれています。arrayという別名が使われることもあり、本章でもクラス名として「array」を使用します。標準Pythonライブラリーのarrayクラスと同名ですが、NumPyの配列クラスでは多次元配列が扱うことができるなど、大きく異なります。混同しないようにしましょう。

コードを実行する前に、NumPyライブラリーをインポートします。NumPyの各関数を簡単に呼び出せるよう「import .. as ...」構文（4-3-4参照）を使って、次のようにインポートを実行します。

```
>>> import numpy as np ↵
>>>
```

これで「np.関数名()」でNumPyの関数を呼び出すことができるようになりました。

6-3-3 配列の生成

NumPyで用意されている各種関数を使って、新規に配列を作成する方法を解説します。

NumPyは、CSVファイル（データの項目間がカンマで区切られている）やTSVファイル（データの項目間がタブで区切られている）から、データを読み込んで配列として格納することができます。読み込む方法については、6-3-8で解説します。

まずは新規に配列を作成してみましょう。以下の内容でNumPyの配列（ndarrayまたはarray）を作成する方法を解説します。

- array( )関数を使った配列の作成
- 2次元配列の作成
- 0や1で埋まった配列の作成
- 未初期化の配列の作成
- arange( )関数を使った配列の作成

array( )関数を使った配列の作成

Pythonのリストやタプルから NumPy の array( ) 関数で配列を作成することができます。以下のコードを実行して配列「a1」を作成してみましょう。整数「2、3、4」からなる要素数3のNumPy配列ができます。

```
>>> a1 = np.array( [2,3,4] ) ↵   NumPyのarray関数の引数に整数のリストを指定
```

「a1」の中身を表示するには、Jupyter Notebook では a1 と入力して Shift + Enter キーをタイプします。

```
>>> a1 ↵
array([2, 3, 4])
```

また print( ) 関数でも表示することができます。

```
>>> print(a1) ↵
[2 3 4]
```

整数以外にも、浮動小数を格納することもできます。

```
>>> a2 = np.array([1.2, 3.5, 5.1]) ↵
NumPyのarray関数の引数に浮動小数のリストを指定
>>> a2 ↵
array([ 1.2,  3.5,  5.1])
```

他にも複素数型、符号なしの整数型、真偽値（bool）型を格納することができますが、型を混同している場合は、1つの配列に入れることはできません。

どのようなデータが格納されているか、配列のデータ型を調べるにはdtypeメソッドを使用します。

```
>>> a1.dtype
dtype('int64')  整数型
>>> a2.dtype
dtype('float64')  浮動小数点型
```

array( )関数の引数には、数値のリストを渡します。数値をそのまま引数に渡すとエラーになるため、注意してください。

```
>>> a3 = np.array(1,2,3,4)    間違い
Traceback (most recent call last):
  File "<stdin>", line 1, in <module>
TypeError: array() takes from 1 to 2 positional arguments but 4
were given
>>> a3 = np.array([1,2,3,4])    正しい
>>> a3
array([1, 2, 3, 4])
>>>
```

2次元配列の作成

2次元配列を作成するには、次のように実行します。2行3列の行列を生成していますが、要素数3のリストを2個、array( )関数の引数にしています。

```
>>> a4 = np.array( [ [1.2,3,1], [4,5,6.8] ] )
>>> a4
array([[ 1.2,  3. ,  1. ],
       [ 4. ,  5. ,  6.8]])
```

また3行5列の行列を生成するには、次のように実行します。要素数5のリストを3個、array( )関数の引数にしています。

```
>>> a5 = np.array(  [ [1,2,3,4,5] ,[6,7,8,9,10], [11,12,13,14,15] ] )
>>> a5
array([[ 1,  2,  3,  4,  5],
       [ 6,  7,  8,  9, 10],
       [11, 12, 13, 14, 15]])
```

0や1で埋まった配列の作成

NumPyのzeros( )関数を使うと、「0」で埋まった配列を作成できます。たとえば、3行4列の「0」で埋まった行列を作成するには、次のように実行します。

```
>>> np.zeros( (3,4) )    3行4列の0で埋まった配列を生成
array([[0.,  0.,  0.,  0.],
       [0.,  0.,  0.,  0.],
       [0.,  0.,  0.,  0.]])
```

またones( )関数を使うと。「1」で埋まった配列を作成することができます。

```
>>> np.ones( (3,4) )    3行4列の1で埋まった配列を生成
array([[ 1.,  1.,  1.,  1.],
       [ 1.,  1.,  1.,  1.],
       [ 1.,  1.,  1.,  1.]])
```

未初期化の配列の作成

empty( )関数を使うと、未初期化の配列を作成します。「0」や「1」で埋まった配列の生成によって、少なからずCPUリソースを消費しますが、未初期化の配列であればCPUに負荷をかけずに瞬時に作成することができます。

データを入れるのはあとにして、とりあえず配列を作成したい場合は、empty( )関数を使用します。なお、作成された配列のデータ型は、デフォルトでfloat64（64bitの浮動小数点型）になります。

```
>>> np.empty( (2,3) )    # 2行3列のランダムな要素の配列を生成
array([[3.10503618e+231, 3.10503618e+231, 2.96439388e-323],
       [0.00000000e+000, 1.75871011e-310, 3.50977866e+064]])
```

作成される配列の要素の型を指定することができます。それを行うには、empty( )関数の2番めの引数として「dtype=データ型」の形式で指定します。

整数型の未初期化配列を作成するには、次のように「dtype=int」を指定します。

```
>>> np.empty( (2,3) ,dtype=int)
array([[8070450532247928832, 8070450532247928832, -9223372036854775800],
       [                  0,          4294967296,                    0]])
```


arange( )関数を使った配列の作成

NumPyのarange( )関数を使うと、指定された要素数を持った配列を作成します。「arange(10)」とすると、0～10未満(すなわち0～9)を1ずつカウントアップしながら配列を作成します。Python標準関数のrange( )に使い方が似ています。

```
>>> np.arange(10)
array([0, 1, 2, 3, 4, 5, 6, 7, 8, 9])
```

カウントを「6」から始める場合、range( )関数では、「range(6,10)」としますが、NumPyのarange( )関数も同じように「range(6,10)」とすることで、6以上10未満(すわなち6～9)までの配列を作成することができます。

```
>>> np.arange(6,10)
array([6, 7, 8, 9])
```

arange( )関数に3番目の引数として、カウントアップする幅を指定することができます。「arange(0,10,2)」とすると、0以上10未満まで、2づつカウントアップしながら配列を生成します。

```
>>> np.arange(0,10,2)
```

```
array([0, 2, 4, 6, 8])
```

浮動小数点数も3番目の引数にとることができます。

```
>>> np.arange( 0, 2, 0.3 ) ↵   浮動小数点数も引数にできる
array([ 0. ,  0.3,  0.6,  0.9,  1.2,  1.5,  1.8])
```

NumPyのarange( )関数で作成される配列は1次元ですが、これを2次元や3次元など、多次元配列変換することもできます。詳しくは、次節「配列の形状の変換」で解説します。

6-3-4 配列の形状の変換

NumPyのreshape( )関数を使うと、配列の形状を変換することができます。たとえば、先ほど使用したarange( )関数で作成した1次元配列を、2次元配列や3次元配列に変換するには次のように実行します。

```
>>> a6 = np.arange(12).reshape(4,3) ↵
要素数12個の1次元配列を4行3列の2次元配列に変換
>>> print(a6) ↵
[[ 0  1  2]
 [ 3  4  5]
 [ 6  7  8]
 [ 9 10 11]]

>>> a7 = np.arange(24).reshape(2,3,4) ↵
要素数24個の1次元配列を2つの3行4列(3次元配列)に変換
>>> print(a7) ↵
[[[ 0  1  2  3]
  [ 4  5  6  7]
  [ 8  9 10 11]]

 [[12 13 14 15]
  [16 17 18 19]
```

```
 [20 21 22 23]]]
```

また、列数を「-1」と指定した場合は行数に合わせて、自動的に列数が算出されます。

```
>>> np.arange(12).reshape(4,-1) ↵    要素数12個を、4行に変換（列数は自動）
array([[ 0,  1,  2],
       [ 3,  4,  5],
       [ 6,  7,  8],
       [ 9, 10, 11]])

>>> np.arange(12).reshape(6,-1) ↵    要素数12個を、6行に変換（列数は自動）
array([[ 0,  1],
       [ 2,  3],
       [ 4,  5],
       [ 6,  7],
       [ 8,  9],
       [10, 11]])

>>> np.arange(12).reshape(2,-1) ↵    要素数12個を、2行に変換（列数は自動）
array([[ 0,  1,  2,  3,  4,  5],
       [ 6,  7,  8,  9, 10, 11]])
```

行数も列数と同様に実行します。「-1」を指定した場合は列数に合わせて、自動的に行数が算出されます。

```
>>> np.arange(12).reshape(-1,2) ↵    要素数12個を、6行2列に自動変換
array([[ 0,  1],
       [ 2,  3],
       [ 4,  5],
       [ 6,  7],
       [ 8,  9],
       [10, 11]])

>>> np.arange(12).reshape(-1,4) ↵    要素数12個を、3行4列に自動変換
```

```
array([[ 0,  1,  2,  3],
       [ 4,  5,  6,  7],
       [ 8,  9, 10, 11]])
```

同様の働きをする関数にresize( )関数があります。reshape( )関数はもとの配列はそのままに新たな配列を返しますが。resize( )関数はもとの配列を置き換えます。

```
>>> a8 = np.arange(12)
>>> a8
array([ 0,  1,  2,  3,  4,  5,  6,  7,  8,  9, 10, 11])  もとの配列「a8」

>>> a8.reshape(2,-1)  「a8」をreshape( )
array([[ 0,  1,  2,  3,  4,  5],
       [ 6,  7,  8,  9, 10, 11]])
>>> a8                「a8」は元のまま
array([ 0,  1,  2,  3,  4,  5,  6,  7,  8,  9, 10, 11])

>>> a8.resize(2,6)    「a8」をresize( )
>>> a8                「a8」は置き換えられる
array([[ 0,  1,  2,  3,  4,  5],
       [ 6,  7,  8,  9, 10, 11]])
```

6-3-5 配列のprint

printする配列をが大きすぎる場合、NumPyは自動的に配列の中央部分を省略して、端のみ表示します。

```
1次元配列の省略表示
>>> print(np.arange(10000))
[   0    1    2 ..., 9997 9998 9999]

2次元配列の省略表示
```

```
>>> print(np.arange(10000).reshape(100,100)) ↵
[[   0    1    2 ...,   97   98   99]
 [ 100  101  102 ...,  197  198  199]
 [ 200  201  202 ...,  297  298  299]
 ...,
 [9700 9701 9702 ..., 9797 9798 9799]
 [9800 9801 9802 ..., 9897 9898 9899]
 [9900 9901 9902 ..., 9997 9998 9999]]
```

配列全体を表示させたい場合は、set_printoptions( )関数を使って、印字オプションの「threshold」を「np.inf」に変更します。

```
>>> np.set_printoptions(threshold=np.inf) ↵     印字オプションを「inf」に変更
>>> print(np.arange(1000).reshape(100,-1)) ↵
[[  0   1   2   3   4   5   6   7   8   9]
 [ 10  11  12  13  14  15  16  17  18  19]
 [ 20  21  22  23  24  25  26  27  28  29]
 [ 30  31  32  33  34  35  36  37  38  39]
 [ 40  41  42  43  44  45  46  47  48  49]
 [ 50  51  52  53  54  55  56  57  58  59]
 [ 60  61  62  63  64  65  66  67  68  69]
 [ 70  71  72  73  74  75  76  77  78  79]
 [ 80  81  82  83  84  85  86  87  88  89]
 [ 90  91  92  93  94  95  96  97  98  99]
 [100 101 102 103 104 105 106 107 108 109]
 [110 111 112 113 114 115 116 117 118 119]

...省略...

 [960 961 962 963 964 965 966 967 968 969]
 [970 971 972 973 974 975 976 977 978 979]
 [980 981 982 983 984 985 986 987 988 989]
 [990 991 992 993 994 995 996 997 998 999]]
```

6-3-6 行列の演算

配列に対してさまざまな方法で算術演算を行うことができます。なお演算を行っても、もとの配列はそのままに、演算結果をもとに新たな配列が作成されます。またもとの配列を置き換える方法についても解説します。

ここでは、以下の方法でNumPyの配列(ndarrayまたはarray)を使って演算する方法を解説します。

- **算術演算**
- **行列積**
- **算術結果でもとの配列を置き換える**
- **型が異なる配列同士の演算結果**
- **基本的統計関数**
- **ユニバーサル関数**

算術演算

「+(加算演算子)」「-(減算演算子)」「*(乗算演算子)」「/(除算演算子)」などの算術演算子を用いて、配列同士、または配列とスカラーとの演算が可能です。

配列を2つ用意

```
>>> a = np.array( [20,30,40,50] ) ↵
>>> b = np.array( [0,1,2,3] ) ↵
```

足し算

```
>>> a + b ↵
array([20, 31, 42, 53])
```

引き算

```
>>> a - b ↵
array([20, 29, 38, 47])
```

掛け算

```
>>> a * b ↵
array([0,   30,   80, 150])
```

割り算

```
>>> b / a ↵
array([0., 0.03333333, 0.05, 0.06])
```

べき乗

```
>>> a ** 3 ↵
array([8000,  27000,  64000, 125000])
```

また真偽判定を行い、その結果を配列として返すことができます。たとえば、配列aの各要素に対して、「35」より小さいかどうか判定するには、次のように実行します。

```
>>> a < 35 ↵
array([ True,  True, False, False], dtype=bool)
```

行列積

NumPyでは、「*(乗算演算子)」は要素同士の演算になります。行列積を求めるには、dot( )関数を用いて次のように実行します。

```
>>> A = np.array( [[1,1],[0,1]] ) ↵
>>> B = np.array( [[2,0],[3,4]] ) ↵
>>> A * B ↵          要素ごとの積
array([[2, 0],
       [0, 4]])
>>> np.dot(A,B) ↵ 行列積
array([[5, 4],
       [3, 4]])
```

算術結果でもとの配列を置き換える

Pythonの基本数値型に対する算術演算と同じように、NumPyの配列に対して算術演算を実行すると、新たな配列を返します。もとの配列を置き換えるには、「*=(掛け算をして代入)」や「+=(足し算して代入)」などの演算子を使用します。

```
>>> a *= 3
>>> a
array([ 60,  90, 120, 150])

>>> b += a
>>> b
array([ 60,  91, 122, 153])
```

型が異なる配列同士の演算結果

型が異なる配列同士を演算した場合は、演算結果はより精度の高い方に対応します。

```
>>> a = np.array( [20,30,40,50] )
>>> a.dtype          dtype( )関数で配列の方を求める
dtype('int64')       整数型

>>> b = np.array( [0,1.1,2.3,3.4] )
>>> b.dtype
dtype('float64')     浮動小数点型

>>> c = a + b        型の異なる配列同士の演算
>>> c.dtype
dtype('float64')     より精度の高い浮動小数点型になる
```

基本的統計関数

配列に含まれるすべての要素の総和の計算など、多くの単項演算子はndarrayクラスのメソッドとして実装されています。

```
>>> a = np.array( [20,30,40,50] ) ↵    配列を用意

>>> a.sum() ↵    総和
140

>>> a.min() ↵    最小値
20

>>> a.max() ↵    最大値
50

>>> a.mean() ↵    平均
35.0

>>> a.std() ↵    標準偏差
11.180339887498949

>>> a.var() ↵    分散
125.0
```


ユニバーサル関数

NumPyは、sin／cos／expなどの**ユニバーサル関数**と呼ばれる数学関数に対応しています。

ユニバーサル関数を実行した場合は算術演算と同じように、配列の要素ごとに演算を行い、演算結果は新しい配列として作成します。

```
元の配列
>>> B = np.array( [[2,0],[3,4]] ) ↵
```

```
>>> np.exp(B) ↵    EXP関数
array([[  7.3890561 ,   1.        ],
       [ 20.08553692,  54.59815003]])

>>> np.sqrt(B) ↵    平方根
array([[ 1.41421356,  0.        ],
       [ 1.73205081,  2.        ]])

>>> np.sin(B) ↵    三角関数
array([[ 0.90929743,  0.        ],
       [ 0.14112001, -0.7568025 ]])
```

6-3-7 行列のインデックス参照、スライス

NumPyを使った配列で、各要素にアクセスするには、Pythonにおけるリストやタプルと同じように、**インデックス**や**スライス**を使用します。なおインデックスやスライスでは、1番目の要素は添え字「0」で表記します。Pythonの「インデックス」は文字と文字の間を指します(図2-2参照)。

```
>>> a = np.random.random(10) ↵    もとの配列
>>> a ↵
array([0.74796679,  0.50762537,  0.02508534,  0.74375957,  0.00807112,
       0.93676912,  0.35871646,  0.81147211,  0.7004938 ,  0.9255837 ])

>>> a[0] ↵    1番目の要素を取り出す
0.74796679092346186

>>> a[3] ↵    4番目の要素を取り出す
0.74375956865638293

>>> a[-1] ↵    最後の要素を取り出す
```

```
0.92558370008189583

>>> a[0:3]  1番目から3番目までの要素を取り出す
array([ 0.74796679,  0.50762537,  0.02508534])

>>> a[-3:]  最後から3番目から最後までの要素を取り出す
array([ 0.81147211,  0.7004938 ,  0.9255837 ])
```

多次元配列の場合は、インデックスの添字をカンマ区切りで増やすことによって各要素にアクセスできます。たとえば2次元配列の場合は、次のように実行します。

```
>>> a = np.random.random(15).reshape(5,-1)  もとの2次元配列(5行3列)
>>> a
array([[ 0.81785377,  0.67184398,  0.91403799],
       [ 0.12832211,  0.78519172,  0.28547291],
       [ 0.61299671,  0.87118754,  0.74919782],
       [ 0.4350473 ,  0.30223573,  0.71326623],
       [ 0.49831092,  0.43780536,  0.18167655]])

>>> a[2,2]  3行3列目の要素を取り出す
0.74919781813123865

>>> a[0:5, 1]  各行の2列目
array([ 0.67184398,  0.78519172,  0.87118754,  0.30223573,  0.43780536])

>>> a[ : ,1]  各行の2列目
array([ 0.67184398,  0.78519172,  0.87118754,  0.30223573,  0.43780536])

>>> a[1:3, : ]  2行目と3行目の各列
array([[ 0.12832211,  0.78519172,  0.28547291],
       [ 0.61299671,  0.87118754,  0.74919782]])
```

6-3-8 ファイルの入出力

NumPyを使って、**CSVファイル**(「,」区切り)や**TSVファイル**(タブ文字区切り)を読み込んで配列に格納したり、逆に配列データをCSVファイルやTSVファイルに書き出すことができます。

ファイルへの書き出し

配列データをファイルに書き出すには、NumPyのsavetxt( )関数を使用します。書き出す配列を用意してみましょう。

もとの2次元配列(5行3列)を用意

```
>>> output = np.random.random(15).reshape(5,-1) ↵
>>> output ↵
array([[ 0.77484425,  0.4796135 ,  0.25155957],
       [ 0.43577036,  0.2775929 ,  0.95565024],
       [ 0.95366982,  0.03445557,  0.59085454],
       [ 0.73440173,  0.83297783,  0.26025927],
       [ 0.58920689,  0.57917252,  0.9704439 ]])
```

用意したoutput配列をCSV形式のoutput.csvファイルに書き出すには、次のようにsavetxt( )関数を使用します。「delimiter=","」で区切り文字として「,**(カンマ)**」を指定しています。

```
>>> np.savetxt("output.csv",output,delimiter=",") ↵
```

output.csvファイルを確認すると、次のような内容が書き出されています。

```
(output.csv)
7.748442546786674656e-01,4.796135039199058703e-01,2.515595739692335631e-01
4.357703553636772531e-01,2.775929027126651238e-01,9.556502382198195367e-01
9.536698174354345525e-01,3.445557336135274262e-02,5.908545448242380482e-01
7.344017284900582476e-01,8.329778297620605843e-01,2.602592703928641171e-01
5.892068947331691176e-01,5.791725181809134204e-01,9.704438969561914874e-01
```

output配列をTSV形式のoutput.tsvファイルに書き出す場合も、同様にsavetxt( )関数を使用します。「delimiter="\t"」で区切り文字にタブ文字を指定しています。

```
>>> np.savetxt("output.tsv",output,delimiter="\t")
```

output.csvファイルを確認すると、次のような内容が書き出されています。CSV形式に書き出した場合と内容は同じですが、区切り文字が異なることが確認できます。

```
(output.tsv)
7.748442546786674656e-01	4.796135039199058703e-01	2.515595739692335631e-01
4.357703553636772531e-01	2.775929027126651238e-01	9.556502382198195367e-01
9.536698174354345525e-01	3.445557336135274262e-02	5.908545448242380482e-01
7.344017284900582476e-01	8.329778297620605843e-01	2.602592703928641171e-01
5.892068947331691176e-01	5.791725181809134204e-01	9.704438969561914874e-01
```

タブ文字区切り

ファイルからの読み込み

先ほどとは逆に、ファイルから配列データを読み込むには、NumPyのloadtxt( )関数を使用します。

CSV形式のoutput.csvファイルからデータを読み込んでinput配列に格納するには、loadtxt( )関数を使用します。CSVファイルでは「delimiter=","」で区切り文字として「,(カンマ)」を指定します。

```
>>> input = np.loadtxt("output.csv",delimiter=",")
>>> input
array([[ 0.77484425,  0.4796135 ,  0.25155957],
       [ 0.43577036,  0.2775929 ,  0.95565024],
       [ 0.95366982,  0.03445557,  0.59085454],
       [ 0.73440173,  0.83297783,  0.26025927],
       [ 0.58920689,  0.57917252,  0.9704439 ]])
```

TSV形式のoutput.tsvファイルからデータを読み込んでinput配列に格納に格納する場合もloadtxt( )関数を使用します。TSVファイルでは「delimiter= 」の記述を省略することで、区切り文字をデフォルトのタブ文字に指定します。

```
>>> input = np.loadtxt("output.tsv")
>>> input
array([[ 0.77484425,  0.4796135 ,  0.25155957],
       [ 0.43577036,  0.2775929 ,  0.95565024],
       [ 0.95366982,  0.03445557,  0.59085454],
       [ 0.73440173,  0.83297783,  0.26025927],
       [ 0.58920689,  0.57917252,  0.9704439 ]])
```

NumPyの利用のまとめ

- NumPyの用途やライブラリーをインポートする方法を理解する
- NumPyを使った配列の生成、とりわけ1次元配列、2次元配列について理解する
- 1次元配列を2次元配列に変換する方法を理解する
- 配列をprintする際の省略表示について理解する
- 算術演算子やNumPyが用意している関数を使った配列の演算方法を理解する
- インデックス、スライスを使った配列の各要素や行データへのアクセス方法を理解する
- CSVファイルやTSVファイルからデータを読み込んだり、配列データをファイルに書き出す方法を理解する

6-4 Pandasの利用

Pandasは NumPyをベースに作られた、1次元配列や2次元配列の操作に特化した統計／分析用ライブラリーです。本節では、このPandasの使い方について学習していきます。

6-4-1 Pandasの基礎

Pandasは1次元配列や2次元配列の操作に特化した統計・分析用ライブラリーです。6-3で解説したNumPyをベースに作られています。Series（シリーズ）やDataFrame（データフレーム）と呼ばれるデータ構造でデータを保持し、平均や標準偏差といった統計・分析処理を簡単に実行できます（6-4-2参照）。

本節では、Pandasについて次の内容で解説を進めていきます。

- **Series と DataFrame**
- **Seriesの作成**
- **Seriesの参照**
- **DataFrameの作成**
- **DataFrameの参照**
- **ファイルの入出力**
- **各行の統計情報を表示**
- **グラフの描画**

本節では、Anacondaに含まれる「Jupyter Notebook」を用いて、Pythonコードを入力し実行します（1-3-6参照）。

最初にPandasライブラリーをインポートします。Pandasの各関数を簡単に呼び出せるように「import .. as ...」構文を使ってインポートします（**図6-3**）。

図6-3 ▶ PandasとNumPyのインポート（Jupyter Notebookの場合）

またコードによってはNumPyも使用するため、併せてインポートしておきます。Jupyter Notebookではコードを入力したあと、Shift と Enter を同時にタイプしてコードを実行してください。これによってpd.関数名( )でNumPyの関数を呼び出すことができるようになります。

6-4-2 SeriesとDataFrame

Pandasの基本的なデータ構造は、1次元配列のSeries（シリーズ）と2次元配列のDataFrame（データフレーム）です。NumPyのarray関数によって作られる配列と、どのように異なるのかを解説します。

Series（シリーズ）

Series（シリーズ）は1次元の配列です。

Seriesは、NumPyのarray関数やリストのように、**インデックス**や**スライス**を使って要素にアクセスできるのに加え、**ラベル**を付与し、そのラベルでもアクセスすることができます（**図6-4**）。

図6-4 ▶ Seriesの例

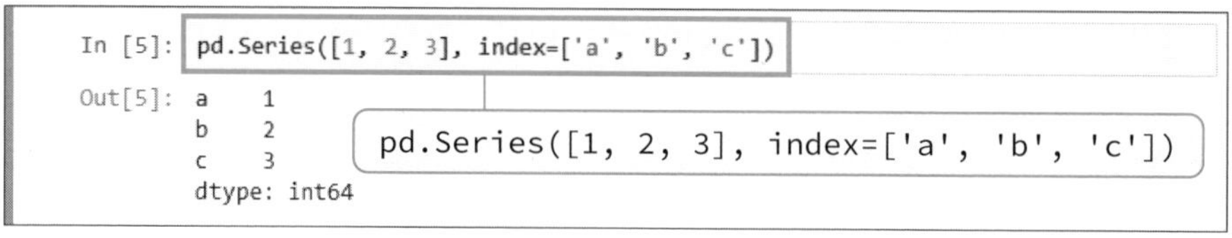

DataFrame（データフレーム）

DataFrame（データフレーム）は2次元の配列です。

Pandasで主に扱うのはこのDataFrameです。Seriesと同様に、各行や各列に対して**ラベル**を付与することができます。Excelのような表計算ソフトウェアで扱う2次元データと同じように、DataFrameはデータを扱うことができます。ただ各行や各列のラベルによって、データの操作が可能になる点がNumPyの2次元配列と異なります。

Jupyter NotebookでDataFrameを表示すると、自動的にHTML化されるため見やすくなります（**図6-5**）。

図6-5 ▶ DataFrameの例

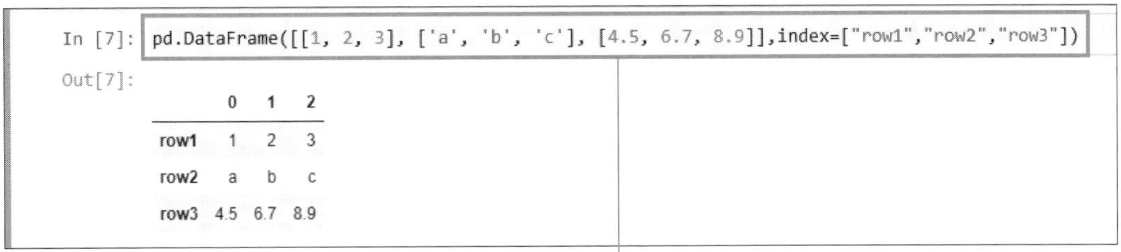


```
pd.DataFrame([[1, 2, 3], ['a', 'b', 'c'], [4.5, 6.7, 8.9]],index=["row1","
row2","row3"])
```

またPandasのDataFrameは、NumPyの2次元配列と比較して次の点で優れています。

- **Jupyter Notebook上でのデータ表示**
- **ラベルでデータにアクセス可能**
- **配列操作**
- **統計・分析**
- **グラフ化**

◆　◆　◆

以降では、これまで紹介してきたPandasの特長を確認していきながら、配列の操作方法や統計・分析手法について学んでいきます。

6-4-3 Seriesの作成

1次元配列のSeriesを作成するには、Pandasの`Series( )`関数を使用します。Seriesはリストを元に作成するか、NumPyのarrayを元に作成します。

リストをもとにしたSeriesの作成

リストを元にSeriesを作成するには、「Series([要素1,要素2 ……])」とします(**図6-6**)。

図6-6 ▶リストをもとにしたSeriesの作成

```
In [12]: s1 = pd.Series([1, 2, 3])
         s1

Out[12]: 0    1
         1    2
         2    3
         dtype: int64
```

```
s1 = pd.Series([1,2,3])
s1
```

NumPyの1次元配列をもとにしたSeriesの作成

NumPyのarray( )関数やarange( )関数で作成した1次元配列をもとに、Seriesを作成する場合は、**図6-7**、**図6-8**のように実行します。

図6-7 ▶Seriesの作成(array( )関数)

```
In [9]: a1 = np.array( [2,3,4] ) # NumPyのarray関数の引数に整数のリストを指定
        s1 = pd.Series(a1)       # NumPyの1次元配列をもとにSeriesを作成
        s1

Out[9]: 0    2
        1    3
        2    4
        dtype: int32
```

```
a1 = np.array( [1,2,3] )   NumPyのarray関数の引数に整数のリストを指定
s1 = pd.Series(a1)         NumPyの1次元配列をもとにSeriesを作成
s1
```

図6-8 ▶Seriesの作成(arange( )関数)

```
In [10]: a2 = np.arange(10)  # NumPyのarange関数を使用
         s2 = pd.Series(a2)  # NumPyの1次元配列をもとにSeriesを作成
         s2

Out[10]: 0    0
         1    1
         2    2
         3    3
         4    4
         5    5
         6    6
         7    7
         8    8
         9    9
         dtype: int32
```

```
a2 = np.arange(10)    NumPyのarange関数を使用
s2 = pd.Series(a2)    NumPyの1次元配列をもとにSeriesを作成
s2
```

ラベルの付与

Seriesにラベルを付けるには、2番目の引数として「index=[リスト]」を指定します（**図6-9**）。

図6-9 ▶ラベルの付与（Series）

```
In [5]:  pd.Series([1, 2, 3], index=['a', 'b', 'c'])
Out[5]:  a    1
         b    2
         c    3
         dtype: int64
```

```
pd.Series([1, 2, 3], index=['a','b','c'])
```

図6-9では「index=」のような名前付き引数を使っていますが、省略することも可能です（**図6-10**）。なお、Pandasの公式ドキュメントでは、名前付き引数の使用が推奨されています。

図6-10 ▶名前付き引数を省略した例（非推奨）

```
In [13]:  pd.Series([1, 2, 3], ['a', 'b', 'c'])
Out[13]:  a    1
          b    2
          c    3
          dtype: int64
```

```
pd.Series([1, 2, 3], ['a','b','c'])
```

6-4-4 Seriesの参照

Seriesの各要素にアクセスするには、NumPyの`array`関数と同じように、インデックスやスライスを用いてアクセスするか、ラベル名でアクセスします。

サンプルコードの表記上、Pythonインタープリターの「>>>」プロンプトを記載していますが、Jupyter Notebookでは「>>>」プロンプトの後ろのPythonコードを実行するようにします。

インデックスやスライスを用いてアクセス

インデックスやスライスを用いてアクセスするには、**図6-11**のように実行します。なお1番目の要素は添え字「0」で表記します。

図6-11 ▶インデックスやスライスを用いてアクセス

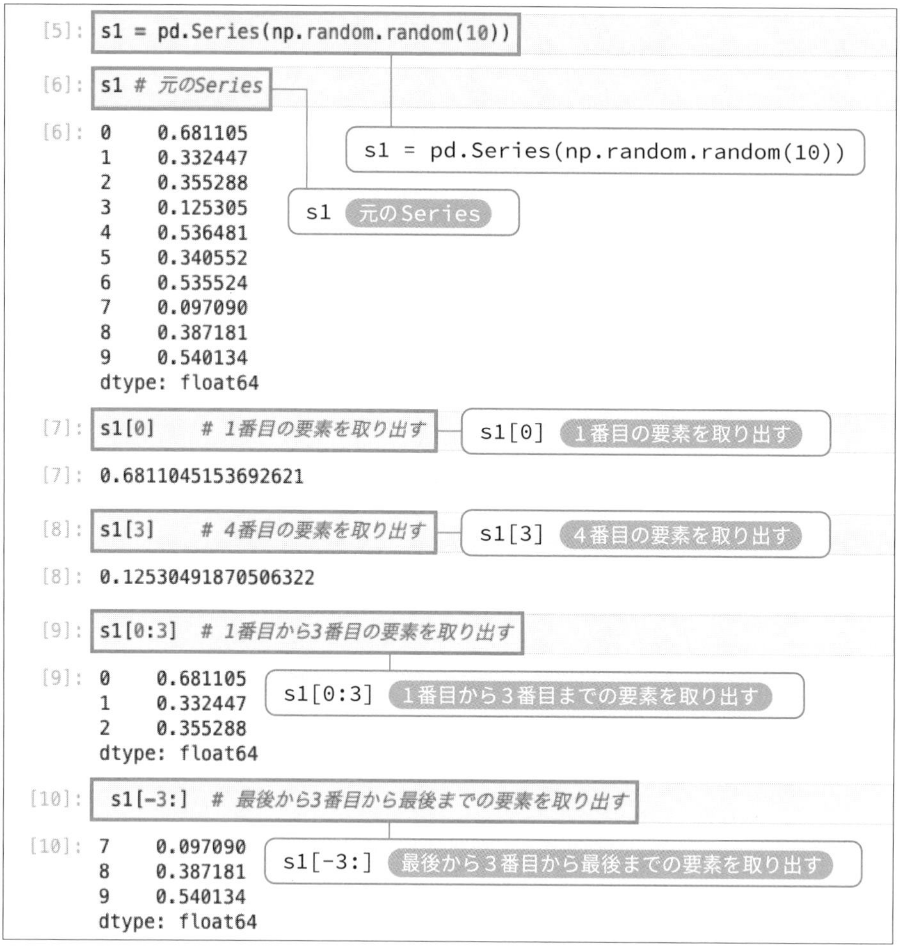

ラベル名でアクセス

ラベルを使ってアクセスするには、添字にラベル名を指定します(**図6-12**)。ラベル名を「**"(ダブルクォーテーション)**」や「**'(シングルクォーテーション)**」で囲むのを忘れないようにしてください。

図6-12 ▶ラベル名でアクセス

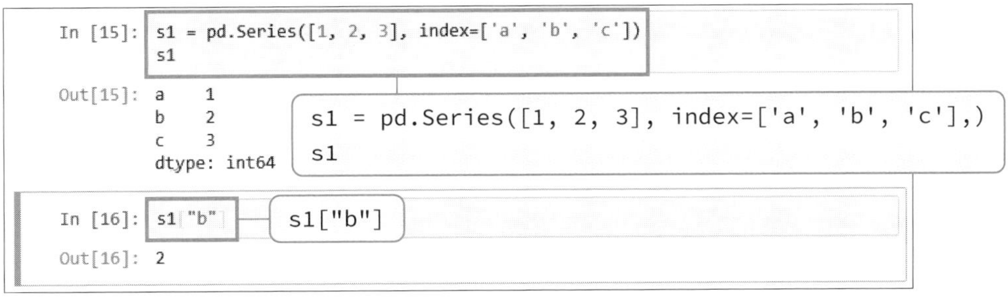

Seriesをラベル付きで作成する際は、ラベル名に数字を使用することができます。このとき文字列型の数字になり、整数型とは扱いが異なるため注意してください。

整数型と文字列型の数字と区別するように、「"（ダブルクォーテーション）」や「'（シングルクォーテーション）」で囲んで、「"数字"」または「'数字'」とするようにしてください（**図6-13**）。

図6-13 ▶ラベル名に数字を使う場合は、ラベル名を「"」や「'」で囲む

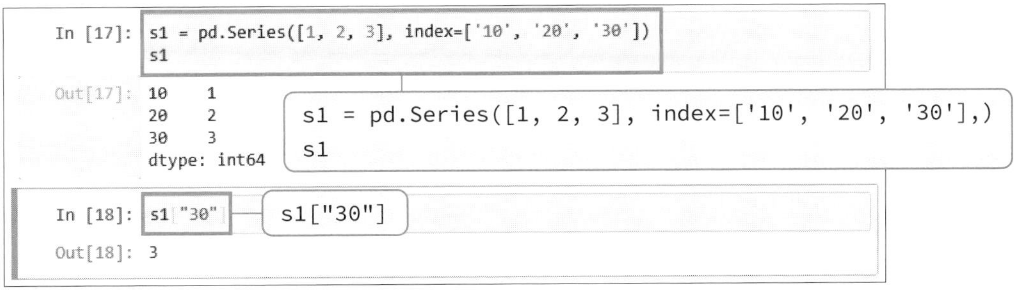

このようにラベル名の中で数字を使用すると混同しやすくなるため、数字だけのラベル名を使わないようにしましょう。

6-4-5 DataFrameの作成

2次元配列のDataFrameを作成するには、Pandasの`DataFrame( )`関数を使用します。また、複数のリストやNumPyのarray、またSeriesといった1次元配列をもとに作成することができます。なおこの場合は1次元配列を行として扱うか、列として扱うかで作成方法が異なってきます。

行単位での作成

リストを使ってDataFrameを作成するには、**図6-14**のように実行します。各リストが各行に相当します。

図6-14▶リストを使ったDataFrameの作成

```
In [19]: df1 = pd.DataFrame([[1, 2, 3], ['a', 'b', 'c'], [4.5, 6.7, 8.9]])
         df1
Out[19]:
```

	0	1	2
0	1	2	3
1	a	b	c
2	4.5	6.7	8.9

```
df1 = pd.DataFrame([[1, 2, 3], ['a', 'b', 'c'], [4.5, 6.7, 8.9]])
df1
```

各行にラベルを付けるには、名前付き引数の「index=」を使用します(**図6-15**)。

図6-15▶各行にラベルを付ける

```
In [20]: df1 = pd.DataFrame([[1, 2, 3], ['a', 'b', 'c'], [4.5, 6.7, 8.9]],
                            index=["row1","row2","row3"])
         df1
Out[20]:
```

	0	1	2
row1	1	2	3
row2	a	b	c
row3	4.5	6.7	8.9

```
df1 = pd.DataFrame([[1, 2, 3], ['a', 'b', 'c'], [4.5, 6.7, 8.9]],
                   index=["row1","row2","row3"])
df1
```

Seriesを使ってDataFrameを作成するには、**図6-16**のように実行します。各Seriesデータは各行に相当します。

図6-16 ▶ Seriesを使ったDataFrameの作成

```
In [21]: s1 = pd.Series(np.arange(0,3))
         s2 = pd.Series(np.arange(3,6))
         s3 = pd.Series(np.arange(6,9))

         df3 = pd.DataFrame([s1,s2,s3])
         df3
Out[21]:
```

	0	1	2
0	0	1	2
1	3	4	5
2	6	7	8

```
s1 = pd.Series(np.arange(0,3))
s2 = pd.Series(np.arange(3,6))
s3 = pd.Series(np.arange(6,9))

df3 = pd.DataFrame([s1,s2,s3])
df3
```

Seriesを使ってDataFrameを作成した場合でも、各行にラベルを付ける際は、名前付き引数の「index=」を使用します(**図6-17**)。

図6-17 ▶ 名前付き引数の「index=」の使用

```
In [22]: df3 = pd.DataFrame([s1,s2,s3],index=("row1","row2","row3"))
         df3
Out[22]:
```

	0	1	2
row1	0	1	2
row2	3	4	5
row3	6	7	8

```
df3 = pd.DataFrame([s1,s2,s3],index=("row1","row2","row3"))
df3
```

列単位での作成

DataFrameを作成する際、もとになる1次元配列を列として扱うには、列ラベルを付けてDataFrameを作成します。**図6-18**はリストを列としてDataFrameを作成する場合、**図6-19**はSeriesを列としてDataFrameを作成する場合の例です。

図6-18 ▶ リストを列としたDataFrameの作成

```
In [23]: df1 = pd.DataFrame({"col1":[1,2,3],"col2":[4,5,6],"col3":[7,8,9]})
         df1
Out[23]:
```

	col1	col2	col3
0	1	4	7
1	2	5	8
2	3	6	9

```
df1 = pd.DataFrame({"col1":[1,2,3],"col2":[4,5,6],"col3":[7,8,9]})
df1
```

図6-19 ▶ Seriesを列としたDataFrameの作成

```
In [25]: s1 = pd.Series(np.arange(0,3))
         s2 = pd.Series(np.arange(3,6))
         s3 = pd.Series(np.arange(6,9))

         df2 = pd.DataFrame({"col1":s1,"col2":s2,"col3":s3})
         df2
Out[25]:
```

	col1	col2	col3
0	0	3	6
1	1	4	7
2	2	5	8

```
s1 = pd.Series(np.arange(0,3))
s2 = pd.Series(np.arange(3,6))
s3 = pd.Series(np.arange(6,9))

df2 = pd.DataFrame({"col1":s1,"col2":s2,"col3":s3})
df2
```

また、行／列ともにラベル付きにしてDataFrameを作成するときは、リストを列とする場合は**図6-20**、Seriesを列としてDataFrameを作成する場合が**図6-21**となります。

図6-20 ▶ リストを列としたDataFrameの作成（行／列ともにラベル付き）

```
In [28]: df2 = pd.DataFrame({"col1": [1, 2], "col2": [3, 4]},
                             index=["row1","row2"])
         df2
Out[28]:
```

	col1	col2
row1	1	3
row2	2	4

```
df2 = pd.DataFrame({"col1": [1, 2], "col2": [3, 4]},
                   index=["row1","row2"])
df2
```

図6-21 ▶ Seriesを列としたDataFrameの作成(行／列ともにラベル付き)

In [29]:
```
s1 = pd.Series(np.arange(0,3),index=("row1","row2","row3"))
s2 = pd.Series(np.arange(3,6),index=("row1","row2","row3"))
s3 = pd.Series(np.arange(6,9),index=("row1","row2","row3"))

df3 = pd.DataFrame({"col1":s1,"col2":s2,"col3":s3},
                   index=["row1","row2","row3"])
df3
```

Out[29]:

	col1	col2	col3
row1	0	3	6
row2	1	4	7
row3	2	5	8


```
s1 = pd.Series(np.arange(0,3),index=("row1","row2","row3"))
s2 = pd.Series(np.arange(3,6),index=("row1","row2","row3"))
s3 = pd.Series(np.arange(6,9),index=("row1","row2","row3"))

df3 = pd.DataFrame({"col1":s1,"col2":s2,"col3":s3},
                   index=["row1","row2","row3"])
df3
```


6-4-6 DataFrameの参照

DataFrameの各行、各列、各要素にアクセスするにはNumPyのarray関数と同様に、インデックスやスライスを使ってアクセスするか、行ラベルや列ラベルでアクセスします。

インデックスやスライスによる行データへのアクセス

PandasのDataFrameでも、PythonのリストやNumPyのarray関数と同様に、**インデックス**や**スライス**を使って行データを取り出すことができます。なお1行目は添え字「0」で表記します。

DataFrameの「df」に対し**表6-1**の構文を使用して、戻り値として行データをSeriesやDataFrame形式で受け取ります(**図6-22**)。

表6-1 ▶インデックスやスライスによる行データへのアクセス方法

アクセス方法	構文	戻り型
行データを行数(インデックス)	df.iloc[行数]	Series
行データを行数(スライス)	df[行数前:行数後]	DataFrame

図6-22 ▶インデックスやスライスによる行データへのアクセス

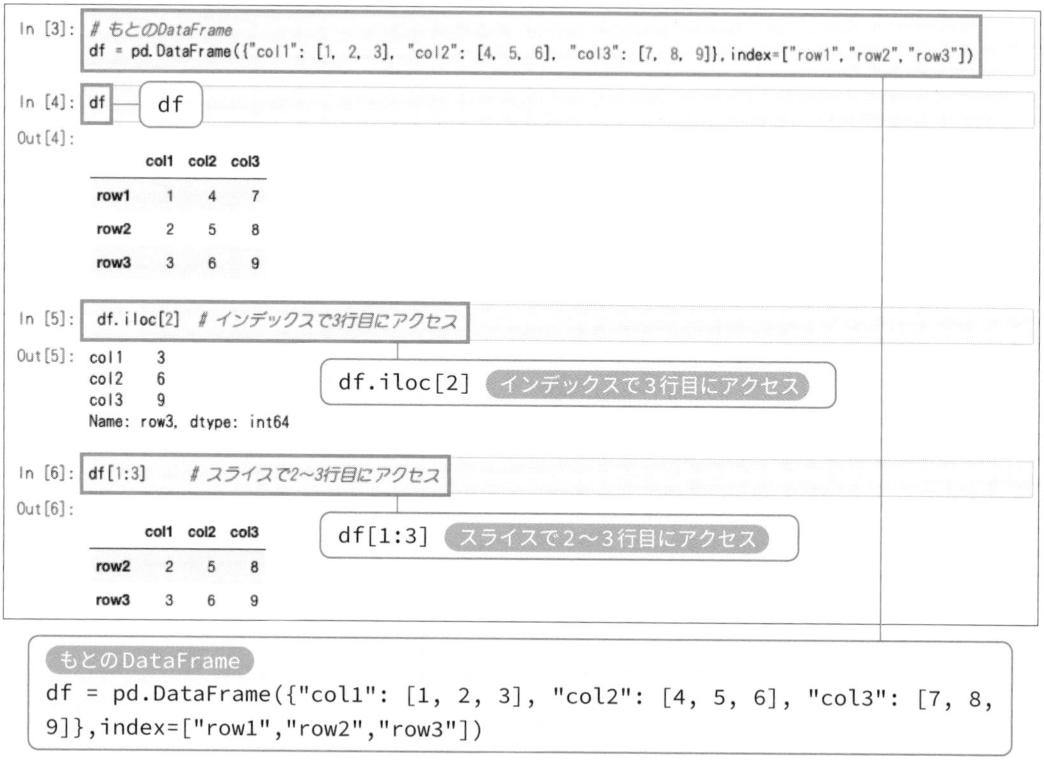

ラベル名による行データや列データへのアクセス

インデックスやスライスの他、ラベル名でもアクセスすることができます。ラベルを使用してアクセスする際は、ラベル名を「"(ダブルクォーテーション)」や「'(シングルクォーテーション)」で囲んで、「"ラベル名"」または「'ラベル名'」とするようにしてください。

DataFrameの「df」に対し**表6-2**の構文を使用して、戻り値として行データや列データをSeries型で受け取ります(**図6-23**)。

表6-2 ▶ラベル名による行データや列データへのアクセス方法

アクセス方法	構文	戻り型
列データを列ラベル名で	df["列ラベル名"]	Series
行データを行ラベル名で	df.loc["ラベル名"]	Series

図6-23 ▶ラベル名による行データや列データへのアクセス

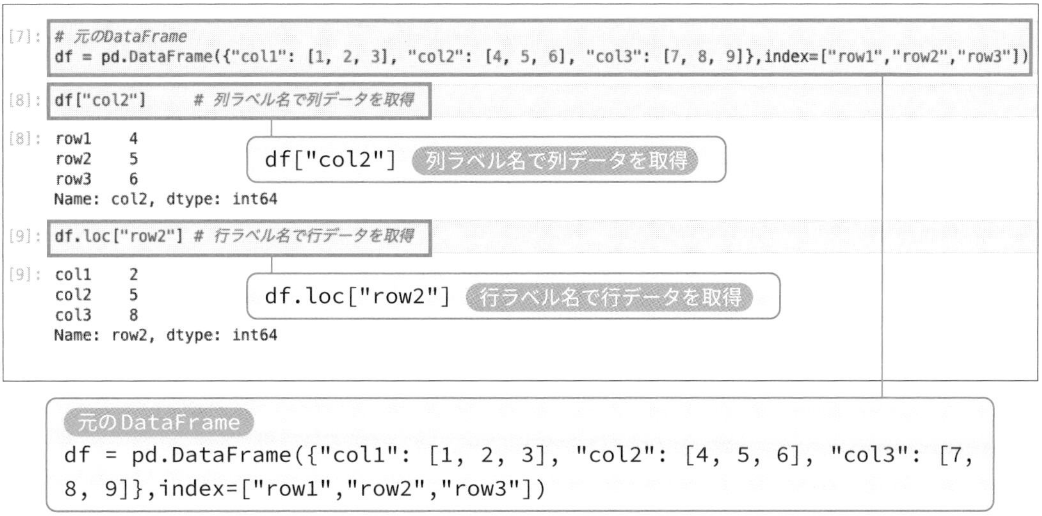

複数の列を列ラベルを使って取り出すには、列ラベルのリスト表記(["列ラベル1","列ラベル2",……]) を使用します(**図6-24**)。

図6-24 ▶複数の列を列ラベルを使って取り出す

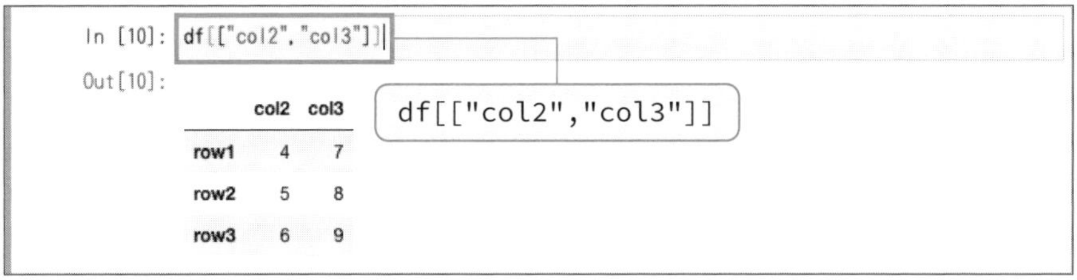

同じように複数の行を行ラベルを使って取り出すには、行ラベルのリスト表記(["行ラベル1","行ラベル2"……]) を使用します(**図6-25**)。

図6-25 ▶複数の行を行ラベルを使って取り出す

```
In [11]: df.loc[["row2", "row3"]]
Out[11]:
```

	col1	col2	col3
row2	2	5	8
row3	3	6	9

df.loc[["row2","row3"]]

DataFrameクラスのlocメソッドは、列ラベルと行ラベルを同時に指定することで、特定の要素にアクセスできます。「loc["行ラベル名","列ラベル名"]」というように指定します(**図6-26**)。

図6-26 ▶locメソッドによるデータの取り出し

```
In [12]: df.loc["row1", "col3"]
Out[12]: 7
```

df.loc["row1","col3"]

複数の行ラベルや列ラベルを指定することもできます。その場合はリスト表記を使用します(**図6-27**)。

図6-27 ▶複数の行ラベルや列ラベルの指定

```
In [13]: df.loc[["row1", "row3"], ["col2", "col3"]]
Out[13]:
```

	col2	col3
row1	4	7
row3	6	9

df.loc[["row1","row3"],["col2","col3"]]

locメソッドの他にも、ilocメソッドを使ってデータを取り出すことができます。ilocメソッドは「iloc[行番号, 列番号]」の形式でデータにアクセスします(**図6-28**)。

図6-28 ▶ ilocメソッドによるデータの取り出し

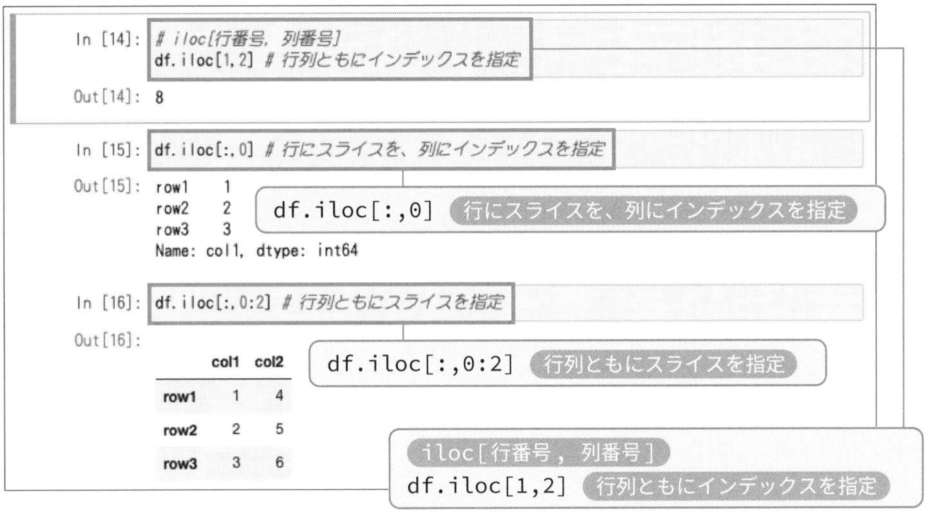

なお、行や列のラベル名を知りたい場合には、DataFrameクラスのcolumnsメソッドやindexメソッドを使用します（**図6-29**）。

図6-29 ▶ 行や列のラベル名の確認

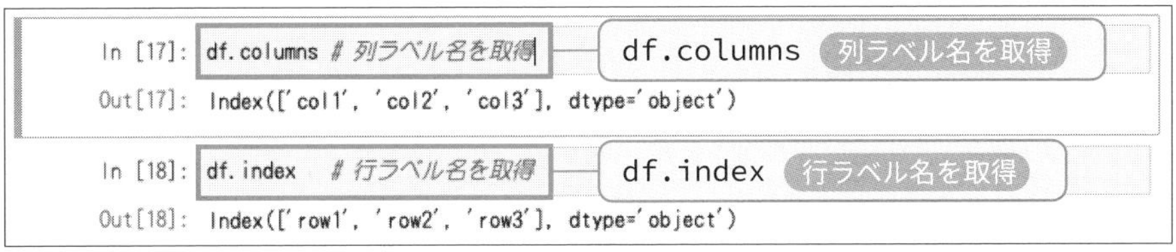

6-4-7 ファイルの入出力

DataFrameのデータをCSVファイルやTSVファイルに書き出したり、DataFrameのデータをファイルから読み込むことができます。

ファイルへの書き出し

DataFrameのデータをファイルに書き出すには、DataFrameの「to_○○( )関数」を使用します。CSVファイルに書き出すには「to_csv("ファイル名")」、Excelファイルに書き出すには「`to_excel`("ファイル名")」というようにを使用します。

TSVファイルに書き出すには、`to_csv( )`関数の第2引数に「sep="\t"」を指定し、区切り文字にタブ文字を使うため、「to_csv("ファイル名",sep="\t")」というように指定します。

まずファイルに書き出すDataFrameを用意します(**図6-30**)。

図6-30 ▶ DataFrameの入力

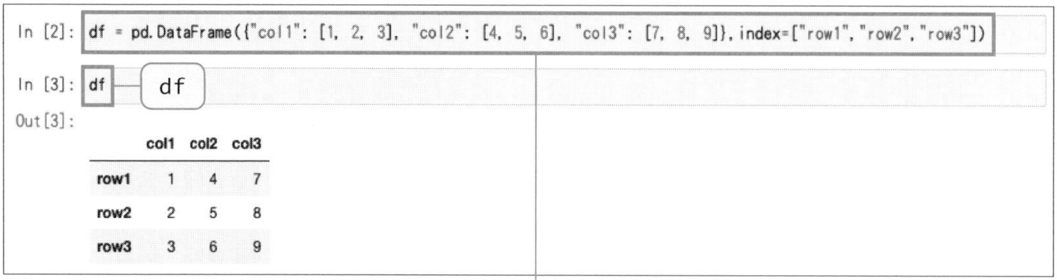


```
df = pd.DataFrame({"col1": [1, 2, 3], "col2": [4, 5, 6], "col3": [7, 8, 
9]},index=["row1","row2","row3"])
```

CSVファイルに書き出すには、`to_csv( )`関数を使用します。引数にファイル名を指定します(**図6-31**)。

図6-31 ▶ CSVファイルへの書き出し

```
df.to_csv("data.csv") data.csvとして書き出す
```

書き出されたdata.csvファイルの内容は次の通りです。1行目が列ラベル名、1列目に行ラベル名が出力されます。

data.csv

```
01 ,col1,col2,col3
02 row1,1,4,7
03 row2,2,5,8
04 row3,3,6,9
```

TSVファイルに書き出す場合も、CSVファイルのときと同様に`to_tsv( )`関数を使用しますが、引数にファイル名とともに「sep="\t"」というように、区切り文字としてタブ文字を指定します（**図6-32**）。

図6-32 ▶ TSVファイルへの書き出し

```
In [5]: df.to_csv("data.tsv",sep="¥t") # data.tsvとして書き出す
```

```
df.to_csv("data.tsv",sep="\t") data.tsvとして書き出す
```

書き出されたdata.tsvファイルの内容は次の通りです。data.csvファイルと同様に1行目が列ラベル名、1列目に行ラベル名が出力されていますが、データの区切りはタブ文字となっています。

```
data.tsv
	col1	col2	col3
row1	1	4	7
row2	2	5	8
row3	3	6	9
```

Excelファイルに書き出す場合は、`to_excel( )`関数を使用します。引数にはファイル名を指定します（**図6-33**）。

図6-33 ▶ Excelファイルへの書き出し

```
In [6]: df.to_excel("data.xlsx")      # data.xlsxとして書き出す
```

```
df.to_excel("data.xlsx") data.xlsxとして書き出す
```

書き出されたdata.xlsxファイルでは、1行目が列ラベル名、1列目に行ラベル名が出力されます（**図6-34**）。

図6-34 ▶ data.xlsx

	A	B	C	D
1		col1	col2	col3
2	row1	1	4	7
3	row2	2	5	8
4	row3	3	6	9

ファイルからの読み込み

DataFrameのデータをファイルから読み込むにはDataFrameの「read_○○( )関数」を使用します。

CSVファイルを読み込むには「read_csv("ファイル名")」、TSVファイルを読み込むには「read_table("ファイル名")」、Excelファイルを読み込むには「read_excel("ファイル名")」を使用します。なおExcelファイルを読み込んだ場合は、1行目が列ラベルになります(**図6-35**)。

図6-35 ▶ ファイルからの読み込み

```
[6]: df = pd.read_csv("data.csv")      # CSVファイルから読み込み
     df = pd.read_table("data.tsv")    # TSVファイルから読み込み
     df = pd.read_excel("data.xlsx")   # Excelファイルから読み込み
```

```
df = pd.read_csv("data.csv")       CSVファイルから読み込み
df = pd.read_table("data.tsv")     TSVファイルから読み込み
df = pd.read_excel("data.xlsx")    Excelファイルから読み込み
```

日本語のようにマルチバイト文字を含むファイルを読み込む場合は、引数に「encoding="文字コード"」を指定しますが、文字コード「UTF-8」の場合は、この指定を省略することができます。

6-4-8 各行の統計情報を表示

DataFrameの`describe( )`関数を使用すると、2次元テーブルの各列に対し、要素数/最大値/最小値/平均などの統計情報を計算して、その計算結果をDataFrame形式で出力します(**図6-36**)。

図6-36 ▶ describe( )関数の実行例

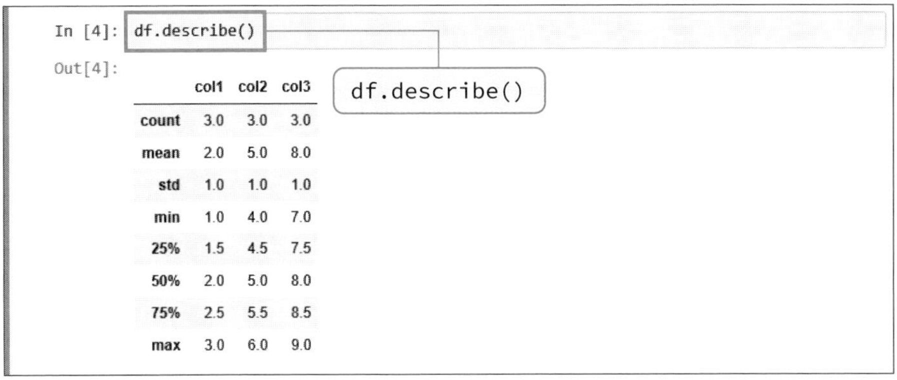

describe( )関数によって表示される統計情報は、**表6-3**に挙げている関数を使うことによって個別に算出することができます。

表6-3 ▶ describe( )関数によって表示される統計情報

統計情報	関数
要素数	df.count( )
平均	df.mean( )
標準偏差	df.std( )
最大値	df.max( )
最小値	df.min( )
分散	df.var( )

6-4-9 グラフの描画

Pandasでは、グラフ描画ライブラリー「Matplotlib」によって統計データをグラフで表示することができます。

グラフを描画するには、DataFrameクラスの`plot( )`関数を使用するか、グラフの種類ごとに用意されている、`plot.bar( )`や`plot.hist( )`といった、専用の「plot.○○」関数を利用します。

グラフのインライン表示

Jupyter Notebookでは、マジックコマンドを入力し、グラフがインライン表示されるようにします（**図6-37**）。

図6-37 ▶ インライン表示用マジックコマンドの入力

図6-37のマジックコマンドを省略すると、別ウィンドウが開きグラフを描画しようとします。Webブラウザーによっては、ポップアップウィンドウが制限されていることもあるため、インライン表示を使用します。

サンプルデータの読み込み

グラフを描画するために使用するサンプルデータを読み込みます。本書サポートサイト(https://gihyo.jp/book/2023/978-4-297-13200-2/support)からダウンロードできるサンプルファイルの中にあるdata.csvを`read_cvs( )`関数で読み込みます。

このdata.csvは、気象庁の「過去の気象データ・ダウンロード」ページ(https://www.data.jma.go.jp/gmd/risk/obsdl/index.php)からダウンロードした、東京都の2021年1年間分の気温データです(**図6-38**)。

図6-38 ▶ サンプルデータの読み込み

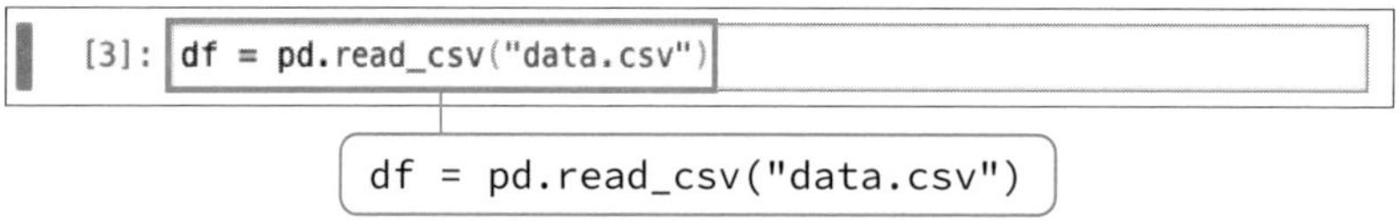

ファイル名を入力する際に[Tab]を使うと、ファイル名やパス名が自動で補完されます(**図6-39**)。

図6-39 ▶ 自動補完機能

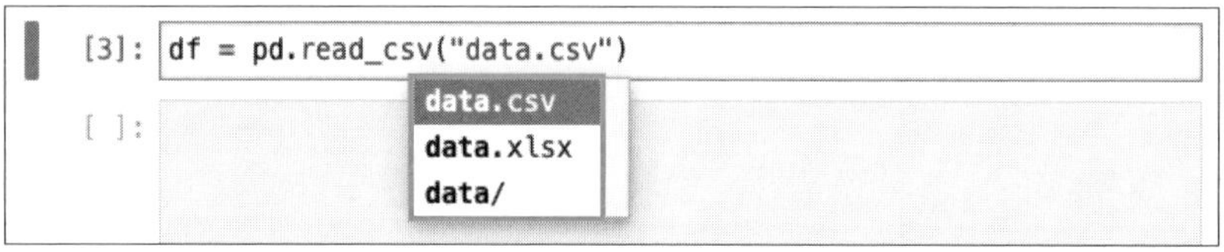

DataFrameとして正常に読み込めているかを確認します(**図6-40**)。

図6-40 ▶読み込みの確認

```
[4]: df
```

df

[4]:

	Date	Average temperature	Highest temperature	Lowest Temperature
0	2021/1/1	4.4	10.5	-1.3
1	2021/1/2	4.8	10.8	0.1
2	2021/1/3	3.7	8.4	-0.4
3	2021/1/4	5.8	11.4	1.3
4	2021/1/5	6.0	10.0	2.5
...	...	...	...	...
360	2021/12/27	2.7	8.1	-2.2
361	2021/12/28	3.8	9.5	-1.6
362	2021/12/29	4.2	8.9	0.9
363	2021/12/30	6.5	14.5	0.6
364	2021/12/31	3.2	6.0	0.1

365 rows × 4 columns

折れ線グラフ

何も引数やオプションを指定せず、単にplot( )関数を実行すると、折れ線グラフを描画します（**図6-41**）。

図6-41 ▶折れ線グラフ

```
[6]: df.plot()
```

df.plot()

```
[6]: <AxesSubplot:>
```

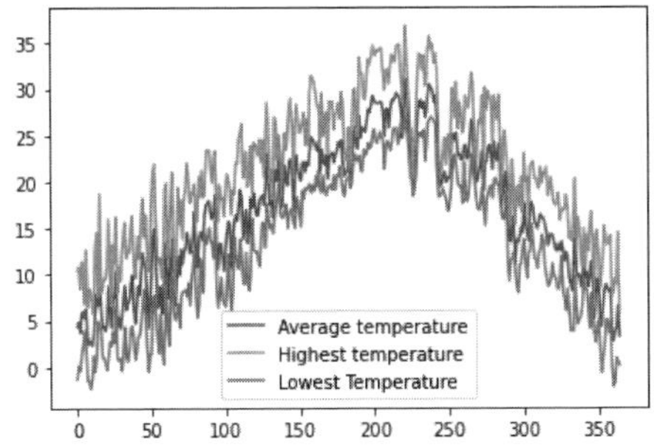

グラフのタイプを指定する「kind="グラフタイプ"」を引数に指定して、「df.plot(kind="line")」と実行したり、折れ線グラフ専用関数のdf.plot.line( )を実行しても同じように折れ線グラフを描画することができます。

ヒストグラム(散布図)

plot( )関数の引数に「kind="hist"」を指定するか、plot.hist( )関数を実行すると、各列のヒストグラムを描画します(**図6-42**)。ヒストグラムは、データの分布状況の確認などで便利なグラフです。

図6-42▶ヒストグラム

```
[ ]: df.plot.hist()
[8]: df.plot(kind="hist")
[8]: <AxesSubplot:ylabel='Frequency'>
```

df.plot.hist()

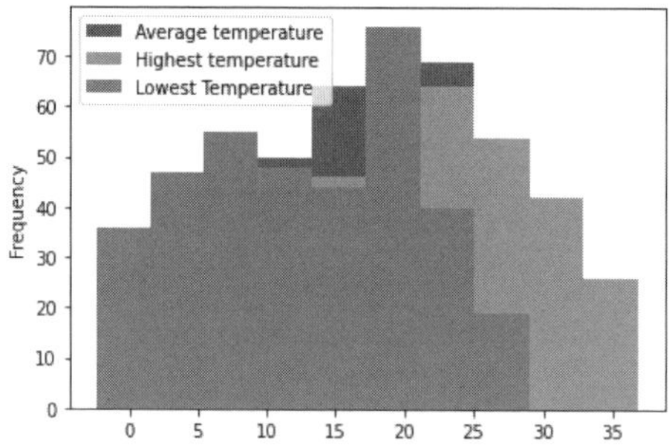

その他にも引数に指定するオプションを変えることによって、さまざまなタイプのヒストグラムを描画することができます。たとえば、グラフを半透明にするオプションとして「alpha=0.5」、ヒストグラムを縦に積みあげる「stacked=True」などがあります。

図6-43▶グラフを半透明にする

```
[9]: df.plot.hist(alpha=0.5, stacked=True)
[9]: <AxesSubplot:ylabel='Frequency'>
```

df.plot.hist(alpha=0.5, stacked=True)

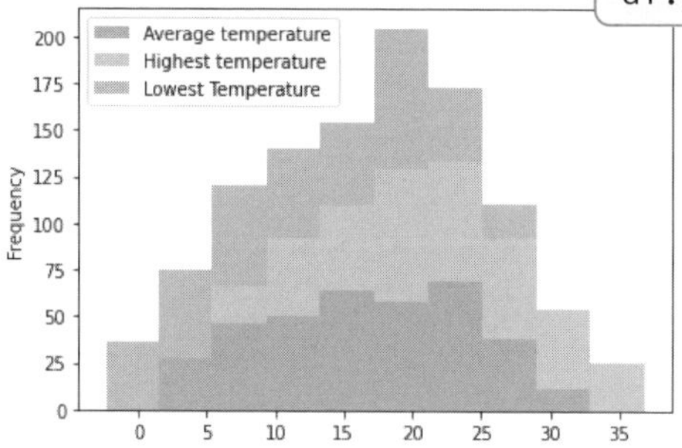

その他のグラフ

描画するデータを指定するには、「y="列ラベル"」を引数に指定します。サンプルとして読み込んだデータのうち、「Average temperature」列だけを棒グラフで描画するには、「df.plot.bar(y="Average temperature")」と指定します（**図6-44**）。

図6-44 ▶特定のデータのみ棒グラフで表示

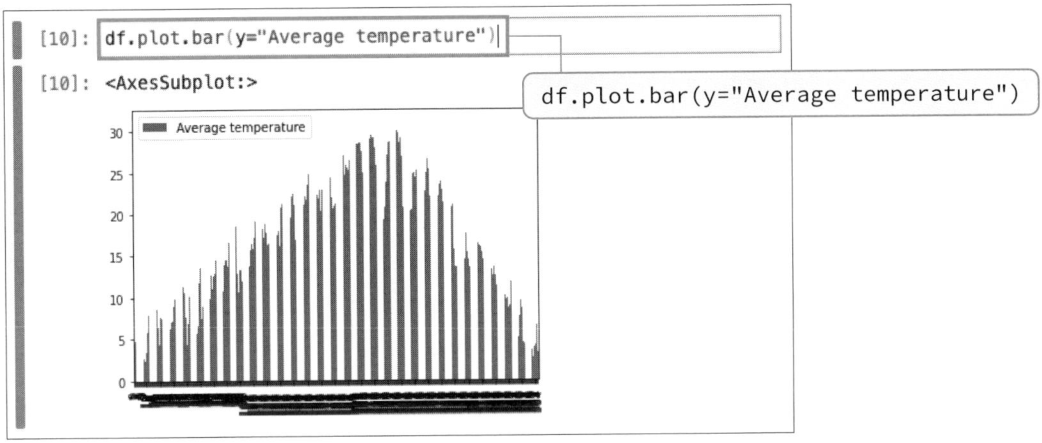

複数のカラムを指定するには、リストを用いて「y=["ラベル名","ラベル名"]」のように指定します。併せてグラフタイプに折れ線グラフを指定したい場合は、「df.plot(kind="line", y=["Average temperature","Highest temperature"])」というように指定します（**図6-45**）。

図6-45 ▶複数のカラムを指定し折れ線グラフで表示

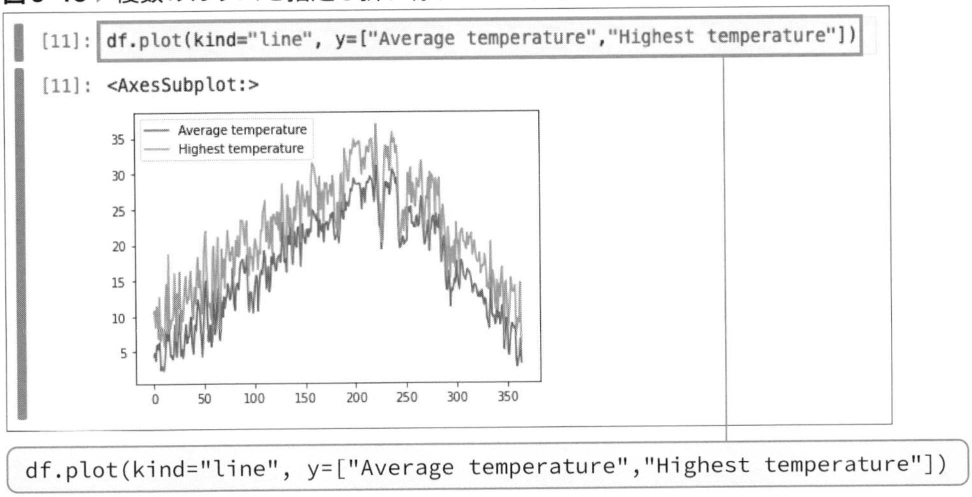

X軸として使用するカラムを指定するには、「x="列ラベル"」を指定します。サンプルデータの「Date」列をX軸にし、「Lowest Temperature」列と「Highest temperature」列を折れ線グラフとして描画するには、「df.plot(kind="line", x="Date",y=["Lowest Temperature","Highest temperature"])」というように指定します(**図6-46**)。

図6-46 ▶ X軸として使用するカラムを指定して折れ線グラフで表示

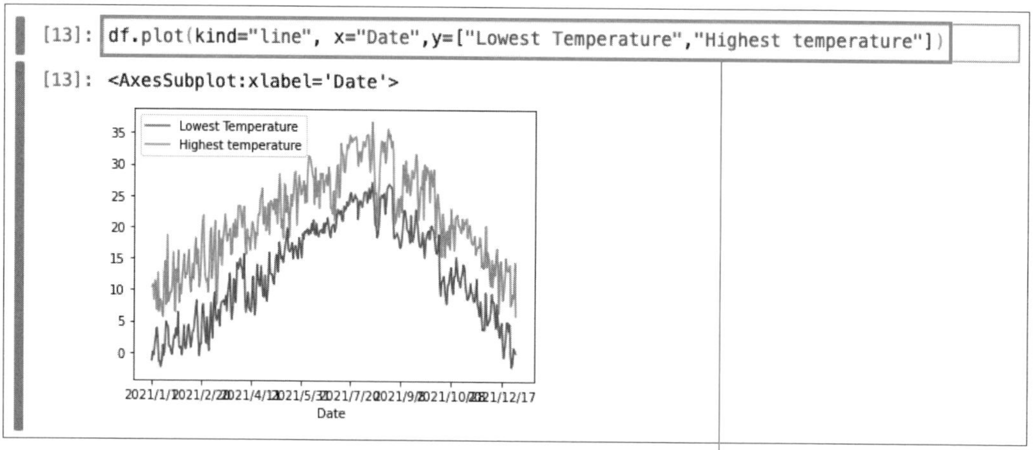


```
df.plot(kind="line", x="Date",y=["Lowest Temperature","Highest
temperature"])
```

Pandasの利用のまとめ

- Pandasの用途やライブラリーをインポートする方法を理解する
- Pandasの配列(1次元配列の「Series」、2次元配列の「DataFrame」)について作成方法や参照方法を理解する
- CSVファイルやTSVファイルからデータを読み込んだり、配列データをファイルに書き出す方法を理解する
- 各種統計データを算出する方法を理解する
- さまざまなグラフを描画する方法を理解する

CHAPTER 7

実践編

機械学習／ディープラーニングの基礎

第三次AIブームにより、AIを使ったサービスや製品が身近になっています。その実現に、Pythonが重要な役割を果たしています。AI／機械学習／ディープラーニングといった、AIブームで注目されるようになった概念や手法について解説した後、Pythonで作られた機械学習／ディープラーニングフレームワークの概要や使い方について説明します。

7-1 AI／機械学習／ディープラーニングとは

本節では、AI／機械学習／ディープラーニングについて、それぞれの概要や関係性について解説します。

7-1-1 AI／機械学習／ディープラーニングの関係

AI（Artificial Intelligence）とは、人間の学習と同様の機能を機械であるコンピューターで実現したシステムのことです。**機械学習（マシンラーニング）**はAIの一分野であり、さらに、**ディープラーニング（深層学習）**は、機械学習の一分野という位置付けとなります（**図7-1**）。

図7-1 ▶ AI／機械学習／ディープラーニングの関係

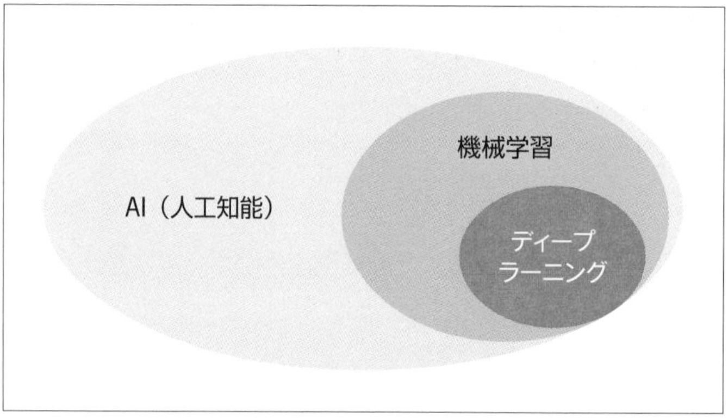

AIは人間の「知能」（学習／推論／判断）を機械で人工的に再現したコンピューターシステムです。その歴史は古く、1956年のダートマス会議で「AI（Artificial Intelligence）」という言葉が使われ、研究分野として確立されていました。

AIと呼称されているものは多数あります。たとえば、日本語入力のAI変換のように、人間が持つ知識をコンピュータに登録して回答を導くエキスパートシステムや、Siri、Cortanaなどの音声アシスタントシステム、自動運転システム、ロボット掃除機、チェスプログラムのディープブルー、囲碁プログラムのAlphaGOなど、多岐にわたります。

これまでAIは、狭い領域で成果を上げることはできても、広い領域での応用が利く人間の「知能」には及ばないといったことが繰り返し述べられてきました。そんな中、機械学習が実用化されたことで、AI研究は大きく飛躍しました。

機械学習とは、大量の学習データを解析し、規則性や関係性を見つけ出す手法です。機械学習を利用することで、分類や区別（**学習**）／予測（**推論**）／判断を行うことが可能になります。

理論自体は以前から存在していたものの、コンピューターの性能が不十分だったり、計算コストが高かったりと、十分な成果を上げられませんでした。しかし、近年コンピューターの性能が飛躍的に向上し、また手法が進展したことで実用性が格段に向上しました。　機械学習によって規則性や関係性を見つけ出すためには、データを比較する際に着目すべき特徴の組み合わせである**特徴量**を、人間が見つけ出して設定する必要があります。特徴の組み合わせである特徴量の設定次第で結果が大きく異なるため、結局は扱う人間に大きく依存することになります。このような問題を解決する手段として、ディープラーニング（深層学習）が注目されています。

人間の脳の働きについての研究が進み、その成果を応用した機械学習手法の1つとして考案されたのがディープラーニングです。**特徴量の選定や組み合わせを、データを解析することで自ら作り出すことができる**ため、人間への依存度は小さくなります。また、データ量を増やすことによって、規則性や関係性を見つけ出す精度も向上するメリットもあります。ディープラーニングはAI研究において注目され、第三次AIブームの火付け役となりました（**図7-2**）。

図7-2 ▶ AI／機械学習／ディープラーニングの特徴

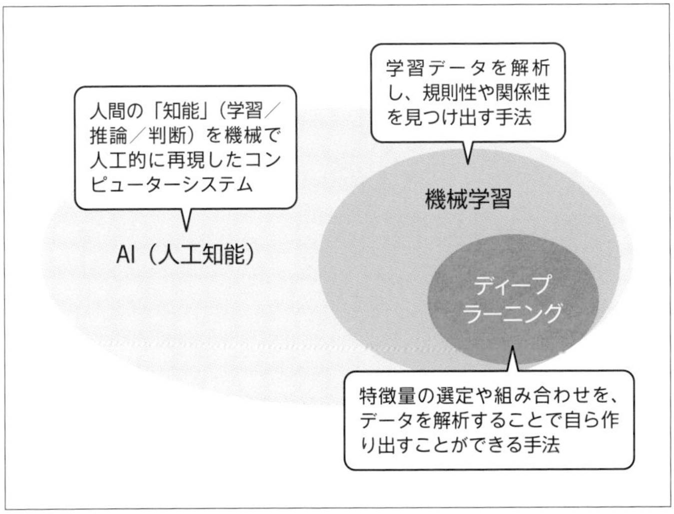

ディープラーニングは、画像や音声の認識といった特定の分野で人間の能力をしのぐ性能を発揮しますが、まだまだ課題もあります。たとえば、ディープラーニングでは大量の学習データが必要になるため、それを処理する十分な計算能力を持ったマシンを用意しなければならないなどです。このような課題を解決するため、現在でも研究が進められており、技術や手法は日々進化しています。

7-1-2 機械学習の手法

機械学習登場以前のAIは、**ルールベース**と呼ばれる方式を採用していました。この方式では、最適な答えを得るためのルールを人間がすべて入力、または教える必要がありました。人の手で入力すべきルールは膨大かつ、何をどのようなルールに設定するのかを決める必要があり、関与する人の知識に依存するなどの懸念点がありました。これらの問題を解決する手法として考案されたのが機械学習です。

機械学習では、コンピューターが非常に多くのデータ（**ビッグデータ**）を分析し、そこから導き出される規則性や相互関係、答えなどのパターンを見つけ出して学習します。これらのパターンを**推論モデル**と呼びます（**図7-3**）。

図7-3 ▶機械学習の手法

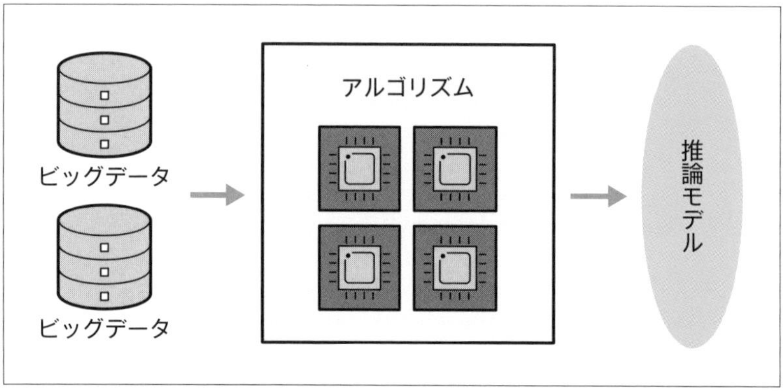

学習の仕組みとしては、主に次の3種類に大別されます。

- **教師あり学習**
- **教師なし学習**
- **強化学習**

機械学習の用途や利用法によって、最適な学習方法も異なるため、最も効率が良い学習方法を選択する必要があります。

教師あり学習

教師あり学習では、答えのあるデータを使用します。たとえば、「ネコ」とタグ付けされた写真の特徴を分析し、その結果に「猫」という答えを対応付けます(**図7-4**)。

このように膨大な数の写真を分析することで、初めて見せた写真でも、それを猫だと分類できるようになります。分類が間違っていた場合は、人間が補正するなど、追加学習を行うことで精度を向上させることができます。

図7-4▶教師あり学習

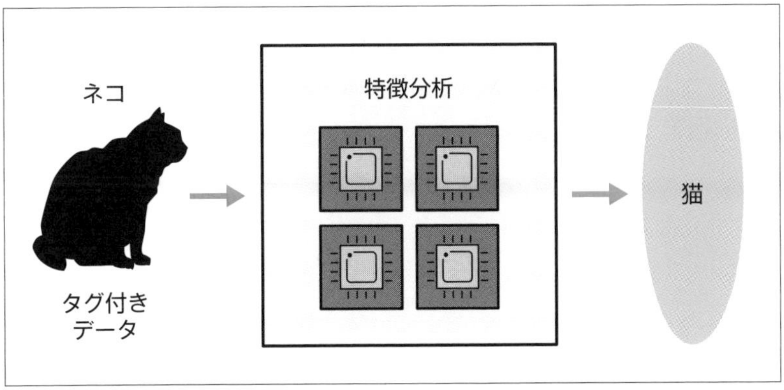

教師なし学習

教師なし学習では、答えや正解がわからないデータ、すなわち「教師のない」データを使用します(**図7-5**)。何度も学習を繰り返すことによって、新たなデータがどのグループに入るか、分類できるようになります。

図7-5 ▶教師なし学習

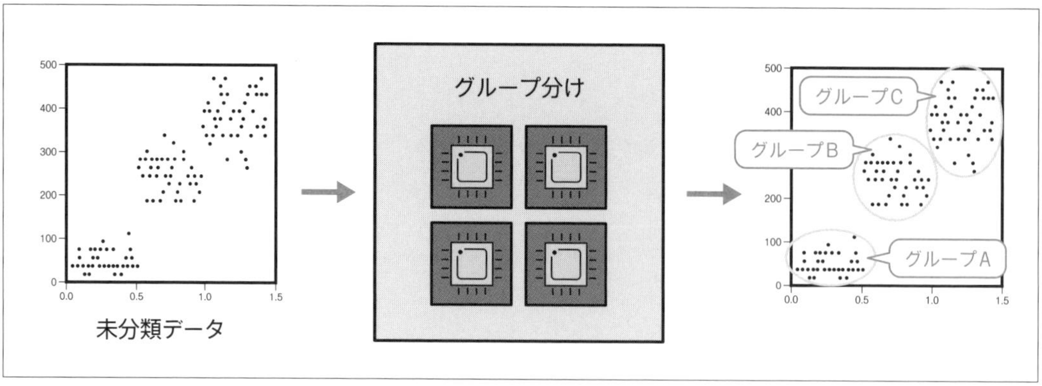

強化学習

強化学習では、答えがない代わりに「報酬」があるデータを使用します。たとえば、ゲームの得点やビジネス利益といったものが報酬になります（**図7-6**）。

ランダムな試行でゲームを行わせて、勝ったときだけ得点を与え、その手順を記憶させます。何度も学習を繰り返すことで強化されていくという意味から「強化学習」と呼ばれています。

図7-6 ▶強化学習

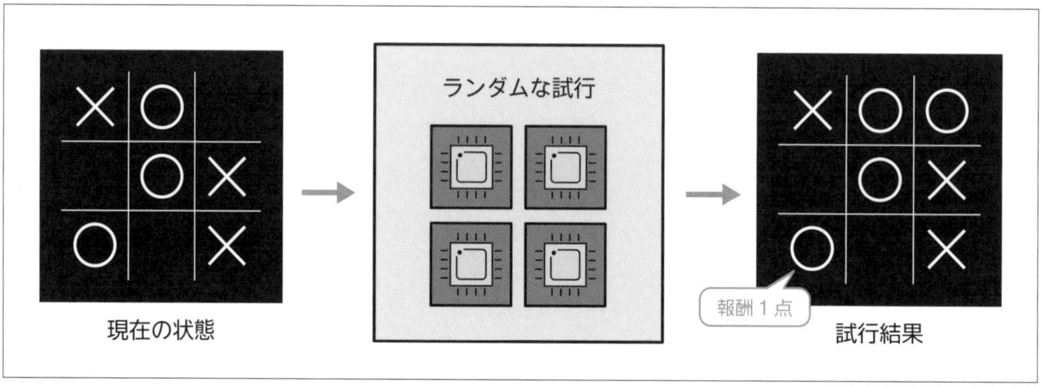

7-1-3 教師あり機械学習の回帰と分類

教師あり機械学習に着目すると、その分類は大きく次の2つに分類することができます。

・回帰（データから数値を予測）
・分類（データから分類を予測）

回帰

回帰は、過去の入力された数値から未来の数値を予測します。たとえば、過去の天気／場所／日付から気温との関係を学習し、新たに入力される天気／場所／日付といった条件から気温を予測したり（**図7-7**）、過去の景況係数と株価との関係を学習して、未来の株価を予測したりといった、何らかの**数値**を予測するのが回帰になります。

図7-7 ▶ 回帰

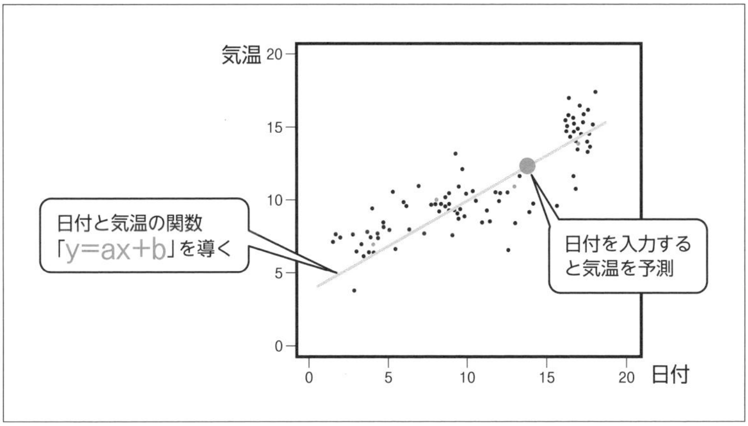

分類

分類は、過去の入力値を元に、新たに与えられたデータをグループに分類します（**図7-8**）。たとえば、過去の迷惑メールをもとに、新たに届いたメールが迷惑メールかどうか分類したり、過去のクレジットカード取引履歴を元に、新たな取引が不正取引かどうか判断したりします。

図7-8 ▶ 分類

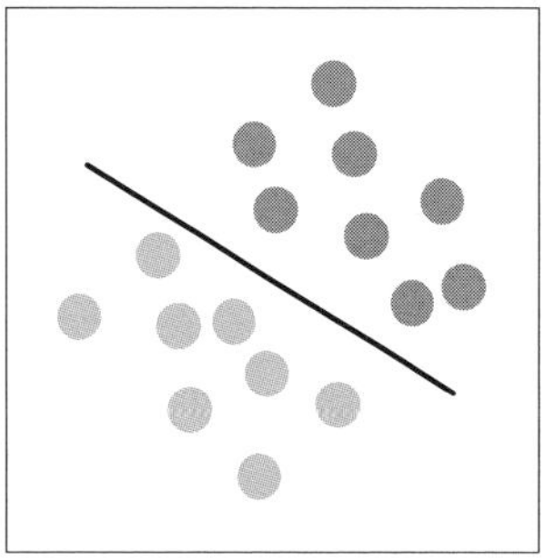

7-2 scikit-learnとTensorFlow

Pythonをベースに開発されたライブラリーの「scikit-learn（サイキットラーン）」と、ディープラーニング用ライブラリーの「TensorFlow（テンサーフロー）」について解説します。

7-2-1 scikit-learnの特徴と利用方法

機械学習には多くのツールを使用します。学習方法に応じたさまざまなオープンソースソフトウェアが配布されており、その多くが、プログラミング言語のCやPythonで作られています。

機械学習分野にPythonユーザーが多い理由は、高機能で使いやすいライブラリーが充実しており、以前は高価な商用ツールでしか提供されていなかった機能がオープンソースソフトウェアで実現されているためです。

scikit-learn（サイキットラーン）は、機械学習全般のアルゴリズムが実装されたPythonライブラリーです。Google Summer of Codeプロジェクトとして2007年に開発が開始されました。

`fit( )`関数でモデルを計算し、`predict( )`関数でモデルを評価するなど、誰でも利用しやすくさまざまな状況で再利用できるといった特長を持っています。scikit-learnを利用することで、主に次の用途に対応します。

- **回帰**（Regression）
- **分類**（Classification）
- **クラスタリング**（Clustering）
- **次元削減**（Dimensionality reduction）

機械学習で最も難しいのは、正しいアルゴリズムを見出すことです。さまざまな種類のデータや問題があり、適したアルゴリズムが異なります。

scikit-learnは、多くの機械学習アルゴリズムが実装されており、次のフローチャートの質問に「YES」「NO」で答えることで最適なアルゴリズムを導くことができます(**図7-9**)。

図7-9 ▶ scikit-learnアルゴリズムフローチャート(「http://scikit-learn.org/stable/tutorial/machine_learning_map/index.html」より転載)

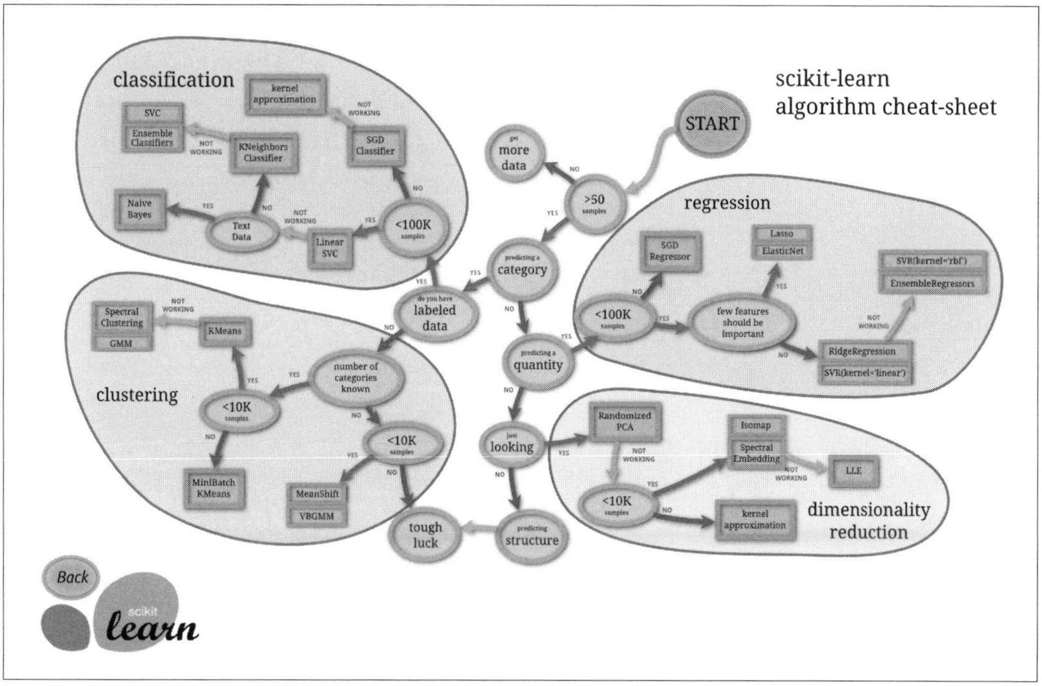

scikit-learnをインストールするには、パッケージ管理コマンドのpipでオンラインインストールを実行します。

```
$ pip install scikit-learn
```

なおPythonディストリビューションのAnacondaには元から含まれているため、Anacondaを使用している場合は、インストール不要です(**図7-10**)。

図7-10 ▶ scikit-learn(回帰)の利用イメージ

```
import numpy as np
....
from sklearn import linear_model, datasets

....
# 学習
lin = linear_model.LinearRegression()
lin.fit(regdata[0], regdata[1])
```

7-2-2 TensorFlowの特徴と利用方法

TensorFlow（テンソルフロー）は、機械学習／ディープラーニングのためのPythonライブラリーです。Google社によって開発されており、オープンソースソフトウェアとして提供されています。Tensor（テンソル）とは、線形の量を表す概念になり、それを流れるように（Flow）処理することからTensorFlowと名付けられました。

研究から実際のプロダクトまで幅広く利用することができ、チュートリアルを使うことで、コードを書かなくても機械学習／ディープラーニングを学ぶことができます。

たとえば顔認識／音声認識／文字認識といったパターン認識、リアルタイム翻訳に代表される自然言語処理など、さまざまな事例でTensorFlowが活用されています。

TensorFlowには多くのツールが付属しています。たとえば、**TensorBoard**はニューラルネットワークの学習過程やデータフローが簡単に可視化できるWebインターフェイスで、TensorFlowの活用に欠かせないツールです（**図7-11**）。

図7-11 ▶ TensorBoard

TensorFlowをインストールするには、パッケージ管理コマンドのpipでオンラインインストールを実行します。

```
$ pip install tensorflow ↵
```

チュートリアル（https://www.tensorflow.org/tutorials?hl=ja）を実行すると、TensorFlowの使い方や処理の流れを学ぶことができます。

7-3 scikit-learnの利用

機械学習全般のアルゴリズムが実装されたPythonライブラリーのscikit-learnを使って機械学習を実践してみましょう。最初にscikit-learnの基本的な使用方法を説明し、その後で、線形回帰、分類・分析（SVM）といった機械学習アルゴリズムを実践する方法を解説します。Pythonスクリプトの実行にはJupyter Notebookを使用します。

7-3-1 scikit-learnの基礎

scikit-learnライブラリーを使って機械学習を行う場合、次のステップを実行します。

①データセットの用意
②アルゴリズム（モデル）の選択
③学習
④予測・評価

なお、以降の解説では次の用語を用います。

- **説明変数**：予測に使う情報。特徴量を抽出した数値
- **目的変数**：予測したい情報。回帰では数値、分類ではIDのようなデータ
- **モデル:**：説明変数と目的変数を関連付ける数式やプログラム

①データセットの用意

元のデータを用意し、学習用のトレーニングデータセットや、検証用のテストデータセットに加工します。元のデータからデータセットを作成するには、NumPyやPandasの配列を使用

します。これらはデータを補完したり、欠損がないか確認するのに優れています。

また、NumPyやPandasは、ExcelファイルやCSVファイルを読み込む際にも便利です。データの用意は人の手により行います。どのようなデータを用意するのかは、経験や観察力が求められ、時には結果を導き出すための高い仮説力なども必要になります。このデータセットの用意に、作業時間の多くを割くことになります。

②アルゴリズムの選択

scikit-learnは、機械学習のためのアルゴリズムをほぼ網羅しています。データの特徴に応じて最適なアルゴリズムを経験に基づいて選択します。**教師あり学習（回帰、分析）、教師なし学習（クラスタリング、次元削減）**といった、アルゴリズムを選択可能です（**表7-1**）。本書では、それぞれアルゴリズムについて詳しく解説しませんので、他の専門書籍などを参照してください。

表7-1 ▶ scikit-learnで選択可能なアルゴリズム

教師あり学習	回帰	線形回帰
		非線形回帰
	分析・分類	サポートベクターマシン（SVM）
		K最近傍法
		アンサンブル学習
		ナイーブベイズ
		確率的勾配降下法
教師なし学習	クラスタリング	K-Meansクラスタリング
		Mean-shiftクラスタリング
		混合ガウスモデル（GMM）
	次元削減	主成分分析（PCA）
		等長写像
		カーネル法

③学習

データセットを用意してアルゴリズムが決まれば、あとは実際に学習させましょう。学習させるには、fit( )関数を呼び出し実行するだけです。どの機械学習アルゴリズムを選択しても、同じようにfit( )関数を呼び出します。

```
fit([説明変数(X軸)], [目的変数(Y軸)])
```

④予測・評価

最後にテストデータを使って予測／評価を実行します。予測／評価を行うには、predict( )関数を実行します。どの機械学習アルゴリズムを選択しても、教師あり学習では次のようにpredict( )関数を呼び出します。

```
predict(テストデータ)
```


7-3-2 ランダム値を使った線形回帰

最初の例題として、線形回帰を使って機械学習を行います。データ加工の手間を省くため、データセットとして100個のランダム値を生成して利用することにします。

・データセット：ランダムな値 100個
・機械学習アルゴリズム：線形回帰

次のPythonスクリプトを用います(**リスト7-1**)。本書では、Jupyter Notebookを使って実行していきます(1-3参照)。

リスト7-1 ▶ sample7-3-1.py

```
import numpy as np
import matplotlib.pyplot as plt
from sklearn import linear_model, datasets

ランダム値を生成しデータセットを用意
np.random.seed(0)
```

```
regdata = datasets.make_regression(100, 1, noise=20.0)

学習
lin = linear_model.LinearRegression()
lin.fit(regdata[0], regdata[1])

学習結果表示
print("Coefficients: \t", lin.coef_)                       係数
print("Intercept: \t", lin.intercept_)                     切片
print("Score : \t", lin.score(regdata[0], regdata[1]))     スコア

グラフ表示
xr = [-2.5, 2.5]
plt.plot(xr, lin.coef_ * xr + lin.intercept_)
plt.scatter(regdata[0], regdata[1])
plt.show()
```

①マジックコマンドの入力、ライブラリーのインポート

Jupyter Notebookでは、最初にマジックコマンドを入力し、グラフがインライン表示されるようにします(**図7-12**)。

図7-12▶マジックコマンドの入力

セルにコマンドを入力したら、Shift と Enter を同時にタイプしてコマンドを実行します。

図7-12のマジックコマンドを省略すると、別ウィンドウが開きグラフを描画しようとします。使用しているWebブラウザーによっては、ポップアップウィンドウが開かないため、インラインで表示するようにしてください。

次に必要なライブラリーのインポートを実行します(**図7-13**)。

図7-13 ▶ライブラリーのインポート

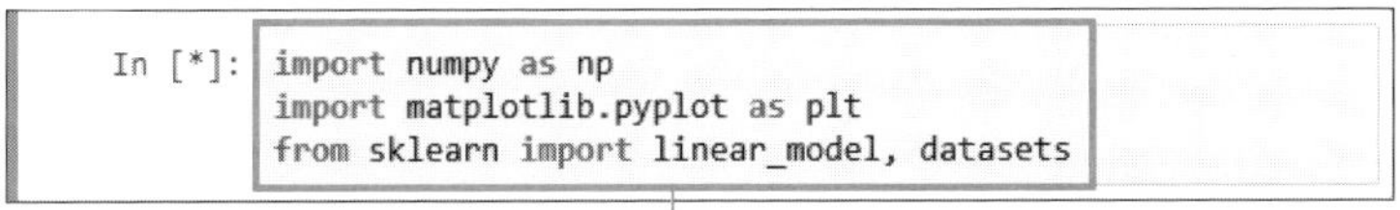


```
import numpy as np
import matplotlib.pyplot as plt
from sklearn import linear_model, datasets
```

配列の操作にNumPyを、グラフの描画にmatplotlibライブラリーのpyplotモジュールを使用します。

scikit-learnライブラリーから、linear_modelクラスとdatasetsクラスを読み込みます。「from …… import ……」を使うことによって、その都度「モジュール名.クラス名」と指定しなくても、クラス名だけで呼び出すことができるようになります。

②データセットの用意

データセットとして、100個のランダムなデータを生成して利用します。それには、scikit-learnライブラリーのdatasetsクラスを使います、datasetsクラスのmake_regression( )関数を実行すると、ランダムなデータを生成して配列に格納します。

make_regression(**第1引数, 第2引数, noise = 値1**)

・第1引数：サンプル数
・第2引数：特徴量の数
・値1：ガウシアンノイズの標準偏差

ソースコードではnp.random.seed(0)で疑似乱数用のランダムシードを設定し、毎回同じデータセットが作成されるようにしていますが、実行は任意になり必ず必要なわけではありません。

図7-14 ▶ データセットの作成

```
In [8]: # ランダム値を生成しデータセットを用意
        np.random.seed(0)
        regdata = datasets.make_regression(100, 1, noise=20.0)
```

ランダム値を生成しデータセットを用意

```
np.random.seed(0)
regdata = datasets.make_regression(100, 1, noise=20.0)
```

図7-14を入力して実行したあと、regdataにどんな値が格納されているか確認しておきましょう。この段階で入力データセットをグラフにプロットすることができます。確認するには、**図7-15**のようにコードを実行します。

図7-15 ▶ regdataの値の確認

```
In [9]: plt.scatter ( regdata[0], regdata[1]) # データ点を描画
        plt.show()
```

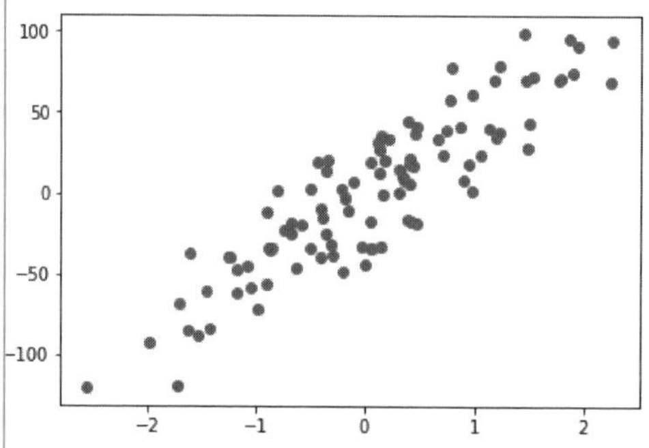


```
plt.scatter( regdata[0], regdata[1] )
plt.show
```

データ点を描画

datasetsクラスのmake_regression( )関数を実行する際に、「noise=20.0」としているため、データが適度にバラついているのがわかります。「noise=10.0」や「noise=50.0」とすると、どのようなグラフが生成されるのか各自で試してみましょう。

③アルゴリズムの選択と学習

データセットが用意できたら、アルゴリズムを選択し、機械学習を実行します。先ほどのグラフからもわかるように、用意したデータは一次関数の「y=ax+b」で値を予測することができ

そうです。

アルゴリズムとして「線形回帰」を選択し、linear_modelクラスのLinearRegression( )関数によってインスタンスを生成します(**図7-16**)。

図7-16▶アルゴリズムの選択と学習

```
In [10]: lin = linear_model.LinearRegression()
         lin.fit(regdata[0], regdata[1])

Out[10]: LinearRegression(copy_X=True, fit_intercept=True, n_jobs=1, normalize=False)
```

学習

```
lin = linear_model.LinearRegression()
lin.fit(regdata[0], regdata[1])
```

図7-16の2行を入力して実行することで、線形回帰のlinインスタンスが生成されます。fit( )関数を実行して入力データ(regdata[0]、regdata[1])に対し、学習(トレーニング)を実行することで、線形回帰を使った機械学習が行われます。

④学習結果の表示

学習は一瞬で終了します。学習結果を見てみましょう(**図7-17**)。

線形回帰の結果として導き出された一次関数「y=ax+b」の「a」を**係数**、「b」を**切片**と呼びます。係数はlinear_modelインスタンスのcoef_クラス変数で、切片はintercept_クラス変数で参照できます。

またデータセットに対し、求められた一次関数がどの程度一致しているのか、**スコア**も合わせて表示します。それには、linear_modelクラスのscore( )関数を使用します。

図7-17▶学習結果の表示

```
In [11]: # 学習結果表示
         print("Coefficients: \t", lin.coef_) # 係数
         print("Intercept: \t", lin.intercept_) # 切片
         print("Score : \t", lin.score(regdata[0], regdata[1])) # スコア

         Coefficients:    [ 42.85335573]
         Intercept:       -1.62836365406
         Score :          0.803335728656
```

学習結果表示

```
print("Coefficients: \t", lin.coef_)           係数
print("Intercept: \t", lin.intercept_)         切片
print("Score : \t", lin.score(regdata[0], regdata[1]))   スコア
```

図7-17では、係数が「42.8……」、切片が「-1.6……」、スコアは「0.8……」と表示されています。スコアは数値が高いほど良い評価になり、この結果を見るとあまり精度が高いとはいえないことがわかります。

入力に使用したデータセットのプロットに、線形回帰で導き出された一次関数のグラフを重ねてみましょう（**図7-18**）。可視化することで、機械学習の結果がわかりやすくなります。

図7-18 ▶ 線形回帰の結果を一次関数グラフに重ねる

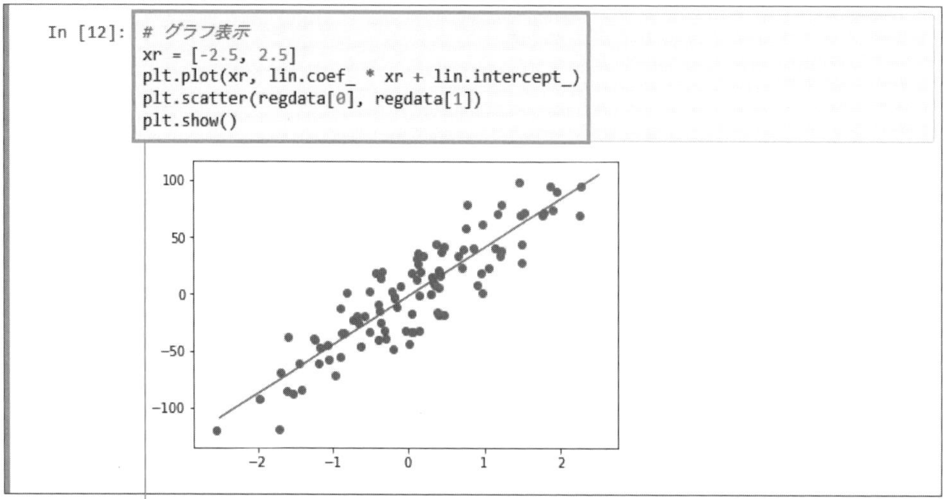

グラフ表示

```
xr = [-2.5, 2.5]
plt.plot(xr, lin.coef_ * xr + lin.intercept_)
plt.scatter(regdata[0], regdata[1])
plt.show()
```

7-3-3 アヤメの計測データを使った分類／分析（SVM）

次に、サポートベクターマシン（SVM、表7-1参照）で分類・分析を行います。データセットとして、scikit-learnに付属しているアヤメの計測データ（通称、Iris）を使用します。

このデータは、アヤメのがく片（Sepal）や花弁（Petal）の幅および長さといった4つの計測データと、3種類の品種分類（setosa／versicolor／virginica）か

表7-2 ▶ データセットの詳細

説明変数	アヤメの特徴量
レコード数	150
カラム数	4

らなるデータセットです。これをサポートベクターマシンを用いて、がく片や花弁の幅および長さを入力すると、自動的に品種に分類できるようにします。データセットの詳細は**表7-2**、説明変数の各カラムの構成は**表7-3**、アヤメの品種（**図7-19**）に対応する目的変数は**表7-4**となります。

表7-3 ▶ 説明変数の各カラム構成：

説明変数	内容
sepal length	がく片の長さ(cm)
sepal width	がく片の幅(cm)
petal length	花弁の長さ(cm)
petal width	花弁の幅(cm)

表7-4 ▶ 目的変数：アヤメの品種

目的変数	値
setosa	0
versicolor	1
virginica	2

図7-19 ▶ 左からsetosa/versicolor/Virginica

［画像出典］ ・Iris setosa
https://commons.wikimedia.org/wiki/File:Iris_setosa_var._setosa_(2595031014).jpg
・Iris versicolor
https://commons.wikimedia.org/wiki/File:Iris_versicolor_3.jpg
・Iris virginica
https://commons.wikimedia.org/wiki/File:Iris_virginica_(Virginia_iris)_(Newark,_Ohio,_USA)_1_(27196090684).jpg

なお、scikit-learnには、アヤメの計測データ以外にも、次のようなデータセットが用意されています。

- ・ボストン市の住宅価格（Boston house-prices）
- ・糖尿病患者の診断データ（Diabetes）
- ・数字の手書き文字（Digits）
- ・生理学的特徴と運動能力の関係（Linnerud）

本書では、Jupyter Notebookを使って、**リスト7-2**のPythonスクリプトを用います。

リスト7-2 ▶ sample7-3-2.py

```
import numpy as np
import matplotlib.pyplot as plt
from sklearn import svm, datasets, model_selection

アヤメの計測データ
iris = datasets.load_iris()

データセットをトレーニング用、テスト用に分割
X_train, X_test, y_train, y_test = \
  model_selection.train_test_split(iris.data, iris.target, test_size=0.1)

学習
clf = svm.SVC()
clf.fit(X_train, y_train)

学習結果表示
print("Score : \t", clf.score(X_test, y_test)) スコア
```

①マジックコマンドの入力、ライブラリーのインポート

新規にNotebookを作成した場合は、マジックコマンドを入力し、グラフがインライン表示されるようにしてください(**図7-20**)。なお、7-3-2ですでにマジックコマンドを実行している場合は、入力不要です。

図7-20 ▶ マジックコマンドの入力

次に必要なライブラリーのインポートを実行します(**図7-21**)。

図7-21 ▶ライブラリーのインポート

```
In [2]: import numpy as np
        import matplotlib.pyplot as plt
        from sklearn import svm, datasets, model_selection
```

```
import numpy as np
import matplotlib.pyplot as plt
from sklearn import svm, datasets, model_selection
```

図7-21の上2行は図7-13と同様です。3行目でscikit-learnライブラリーから、svm、datasets、model_selectionクラスを読み込みます。

svmクラスは分類／分析アルゴリズムのサポートベクターマシンに、model_selectionクラスはデータセットの加工に使用します。「from～import～」使うことで、その都度「モジュール名.クラス名」と指定しなくても、クラス名だけで呼び出せるようになります。

②データの用意と確認

scikit-learnライブラリーに付属しているアヤメの計測データを読み込むには、**図7-22**のように実行します。

図7-22 ▶アヤメの計測データを読み込み

```
In [3]: iris = datasets.load_iris()
```

アヤメの計測データ

```
iris = datasets.load_iris()
```

説明変数やラベル（カラム）名、目的変数など、どのようなデータセットを使用するのか確認するには、次の3行を実行します（**リスト7-3**）。

リスト7-3 ▶ sample7-3-3.py

```
print(iris.data)
print(iris.feature_names)
print(iris.target)
```

説明変数

説明変数のラベル（カラム）名

目的変数　各データの分類 (0: setosa, 1: versicolor, 2: virginica)

アヤメの特徴量（がく片や花弁の幅と長さ）である説明変数を確認するには、**図7-23**のように実行します。

図7-23 ▶ 説明変数の確認

```
In [5]: print(iris.data) # 説明変数

[[ 5.1  3.5  1.4  0.2]
 [ 4.9  3.   1.4  0.2]
 [ 4.7  3.2  1.3  0.2]
 [ 4.6  3.1  1.5  0.2]
 [ 5.   3.6  1.4  0.2]
 [ 5.4  3.9  1.7  0.4]
 [ 4.6  3.4  1.4  0.3]
 [ 5.   3.4  1.5  0.2]
 [ 4.4  2.9  1.4  0.2]
 [ 4.9  3.1  1.5  0.1]
 [ 5.4  3.7  1.5  0.2]
 [ 4.8  3.4  1.6  0.2]
 [ 4.8  3.   1.4  0.1]
 [ 4.3  3.   1.1  0.1]
 [ 5.8  4.   1.2  0.2]
 [ 5.7  4.4  1.5  0.4]
 [ 5.4  3.9  1.3  0.4]
 [ 5.1  3.5  1.4  0.3]
 [ 5.7  3.8  1.7  0.3]
```

print(iris.data) 説明変数

説明変数のラベル（カラム）名を確認するには、**図7-24**のように実行します。

図7-24 ▶ 説明変数のラベル（カラム）名の確認

```
In [6]: print(iris.feature_names) # 説明変数のカラム名

['sepal length (cm)', 'sepal width (cm)', 'petal length (cm)', 'petal width (c
m)']
```

print(iris.feature_names) 説明変数のカラム名

アヤメの分類結果である目的変数を確認するには、**図7-25**のように実行します。

図7-25 ▶ 目的変数の確認

```
In [7]: # 目的変数 各データの分類 (0: setosa, 1: versicolor, 2: virginica)
        print(iris.target)

[0 0 0 0 0 0 0 0 0 0 0 0 0 0 0 0 0 0 0 0 0 0 0 0 0 0 0 0 0 0 0 0 0 0 0 0 0
 0 0 0 0 0 0 0 0 0 0 0 0 0 1 1 1 1 1 1 1 1 1 1 1 1 1 1 1 1 1 1 1 1 1 1 1 1
 1 1 1 1 1 1 1 1 1 1 1 1 1 1 1 1 1 1 1 1 1 1 1 1 1 1 2 2 2 2 2 2 2 2 2 2 2
 2 2 2 2 2 2 2 2 2 2 2 2 2 2 2 2 2 2 2 2 2 2 2 2 2 2 2 2 2 2 2 2 2 2 2 2 2
 2 2]
```

print(iris.target) 目標変数 各データの分類

用意したデータセットインスタンスが「iris」の場合、「iris.data」で説明変数、「iris.feature_names」で説明変数のラベル（カラム）名、「iris.target」で目的変数を確認することができます。

説明変数の1つ目の要素（図7-23では「5.1, 3.5, 1.4, 0.2]」）は、目的変数の1つの要素（図7-25では「0」）に対応しています。すなわち、「がく片の長さが5.1cm、がく片の幅が3.5cm、花弁の長さ1.4cm、花弁の幅が0.2cm」の場合、品種は「0（setosa）」となります。このようなデータの関連を確認するには、PandasライブラリーのDataFrameを使うと配列をHTMLで表示できるため、よりわかりやすくなります。

ラベル（カラム）名を説明変数の列ラベルとして付け、目的変数を最終列に追加したものを表形式で表示するように実行します（**図7-26**）。

図7-26 ▶配列をHTMLで表示

In [8]:
```
import pandas as pd
df = pd.DataFrame(iris.data, columns=iris.feature_names)
df["target"] = iris.target
```

In [9]:
```
df
```

Out[9]:

	sepal length (cm)	sepal width (cm)	petal length (cm)	petal width (cm)	target
0	5.1	3.5	1.4	0.2	0
1	4.9	3.0	1.4	0.2	0
2	4.7	3.2	1.3	0.2	0
3	4.6	3.1	1.5	0.2	0
4	5.0	3.6	1.4	0.2	0
...	...	...	...	...	...
145	6.7	3.0	5.2	2.3	2
146	6.3	2.5	5.0	1.9	2
147	6.5	3.0	5.2	2.0	2
148	6.2	3.4	5.4	2.3	2
149	5.9	3.0	5.1	1.8	2

150 rows × 5 columns


```
import pandas as pd
df = pd.DataFrame(iris.data, columns=iris.feature_names)
df["target"] = iris.target
```


また`print(iris.DESCR)`を実行すると、データセットの詳細な情報を表示することができます（**図7-27**）。

図7-27 ▶データセットの詳細情報の表示

```
In [10]: print(iris.DESCR)

         Iris Plants Database
         ====================

         Notes
         -----
         Data Set Characteristics:
             :Number of Instances: 150 (50 in each of three classes)
             :Number of Attributes: 4 numeric, predictive attributes and the class
             :Attribute Information:
                 - sepal length in cm
                 - sepal width in cm
                 - petal length in cm
                 - petal width in cm
                 - class:
                         - Iris-Setosa
                         - Iris-Versicolour
                         - Iris-Virginica
             :Summary Statistics:

             ============== ==== ==== ======= ===== ====================
                             Min  Max   Mean    SD   Class Correlation
             ============== ==== ==== ======= ===== ====================
```

print(iris.DESCR)

③トレーニングデータとテストデータに分割

用意したデータセットをトレーニング（学習）データとテスト（評価）データに分割します。トレーニングデータは**モデル（分類器）**の作成に使用し、そのモデルの評価にテストデータを使用します（**図7-28**）。

図7-28 ▶データセットの分割

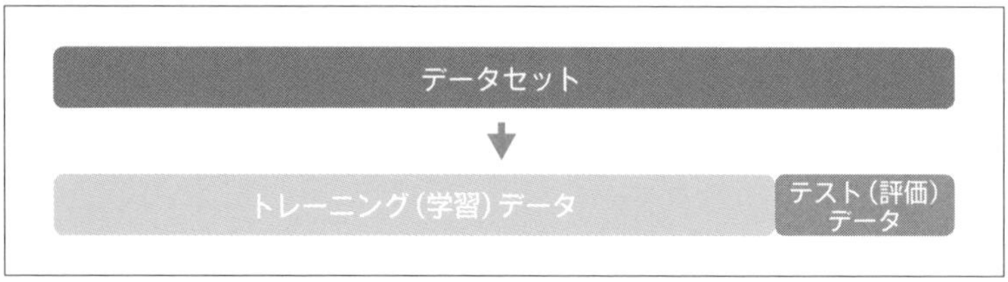

7-3-2では、トレーニングデータも、テストデータも同じものを使用しましたが、データセットを分けることによって、さらにモデルスコア（モデルの正しさ）を正確に計測できるようになります。

データセットの分割には、`model_selection`クラスの`train_test_split( )`関数を使用します。第1引数に説明変数の配列、第2引数に目的変数の配列、第3引数の「test_size=<1未満の少数値>」で何割のデータをテスト用に使用するか指定します。

図7-29のように実行すると、元の説明変数のうち1割のデータがランダムに抽出され、テストデータ（X_test、y_test）として使用できるようになります。なお、1行が長くなっているため、「\ **（バックスラッシュ）**」で改行しています。

図7-29 ▶ データセットの分割

```
In [14]: # データセットをトレーニング用、テスト用に分割
         X_train, X_test, y_train, y_test = \
             model_selection.train_test_split(iris.data, iris.target, test_size=0.1)
```

データセットをトレーニング用、テスト用に分割

```
X_train, X_test, y_train, y_test = \
  model_selection.train_test_split(iris.data, iris.target, test_size=0.1)
```

`train_test_split( )`関数の引数に、「random_state=ランダムシード」を追加することで、疑似乱数用のランダムシード値を固定化して何度コードを実行しても、毎回同じデータセットがテスト用に抽出されるようになります（**図7-30**）。実行は任意となります。なお、1行が長くなっているため、「\ **（バックスラッシュ）**」で改行しています。

図7-30 ▶ テストデータの固定化

```
In [15]: # データセットをトレーニング用、テスト用に分割（ランダムシード値を固定）
         X_train, X_test, y_train, y_test = \
             model_selection.train_test_split(iris.data, iris.target, test_size=0.1, random_state=0)
```

データセットをトレーニング用、テスト用に分割（ランダムシード値を固定）

```
X_train, X_test, y_train, y_test = \
  model_selection.train_test_split(iris.data, iris.target, test_size=0.1,
random_state=0)
```

`train_test_split( )`関数によって、**表7-5**にある変数が作成されます。

表7-5 ▶ train_test_split( )関数で作成される変数

変数	内容
X_train	トレーニング用の説明（特徴）行列（アヤメのがく片（Sepal）や花弁（Petal）の幅および長さ）
X_test	テスト用の説明（特徴）行列（アヤメのがく片（Sepal）や花弁（Petal）の幅および長さ）
y_train	トレーニング用の目的変数（アヤメの種類）
y_test	テスト用の目的変数（アヤメの種類）

④アルゴリズムの選択と学習

トレーニングデータが用意できたら、アルゴリズムを選択して機械学習を実行します。分類／分析のためのアルゴリズムとして、サポートベクターマシン(SVM、表7-1参照)を使用します。

データセットを学習するには、svmクラスのSVC( )関数を実行し、インスタンスを生成します(**図7-31**)。インスタンス名の「clf」は分類器を意味する「Classification」にちなんでいます。

図7-31▶データセットの学習

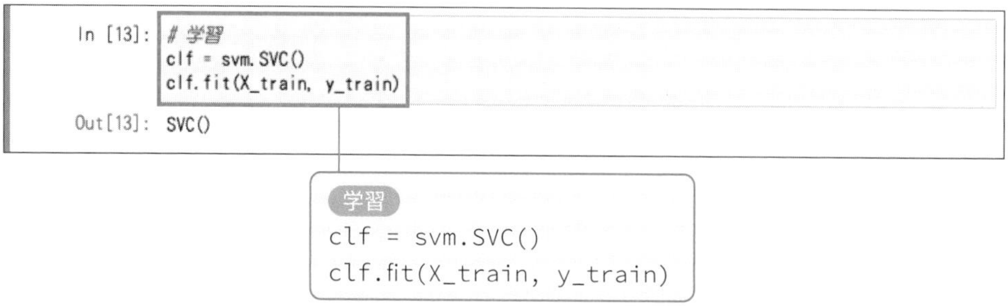

図7-30の2行を入力して実行すると、サポートベクターマシンのclfインスタンスが作成され、fit( )関数によってトレーニング用データの「X_train」と「y_train」に対して、学習(トレーニング)が行われます。

⑤学習結果の確認

今回も学習は一瞬で終了します。学習結果を確認してみましょう。

学習結果の評価にてテスト(評価)データを使用します。テストデータ(X_test、y_test)に対し、学習結果であるモデル(分類器)を適用し、分類分けがどの程度一致しているのか**スコア**にして表示します。それには、svmクラスのscore( )関数を使用します(**図7-32**)。

図7-32▶学習の確認

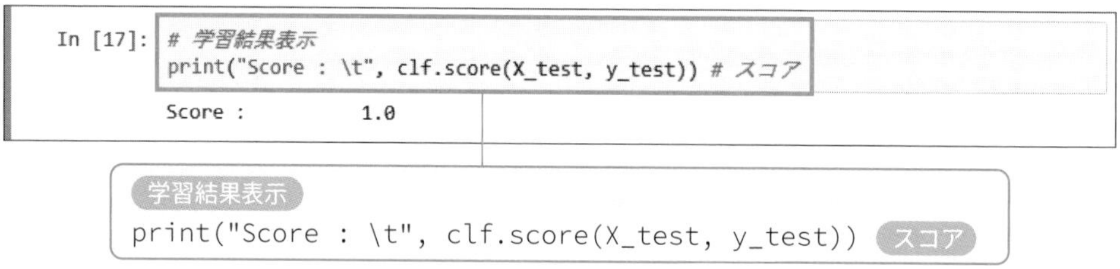

図7-32では、スコアは「1.0」と表示され完全に一致していることが確認できます。スコアの最高値は「1」になり、数値が高いほど良い評価になります。

実際にテストデータをモデルで評価した結果と、元々の目的変数（**図7-33**）が一致しているか確認します。モデルの評価には、svmクラスのpredict( )関数を使用します（**図7-34**）。

図7-33 ▶元々のテストデータの目的変数

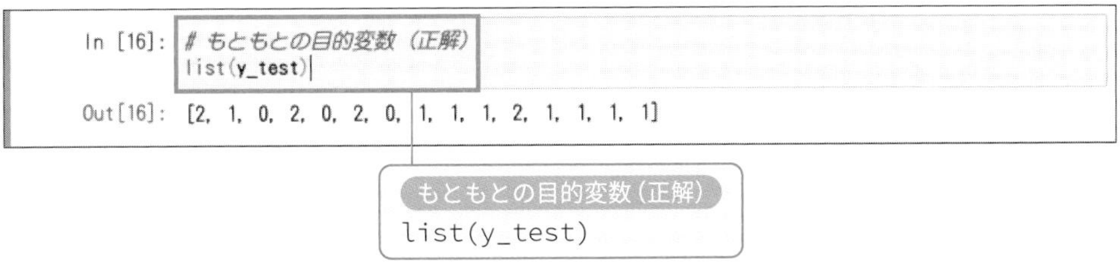

図7-34 ▶学習したモデルを使ったテストデータの分類

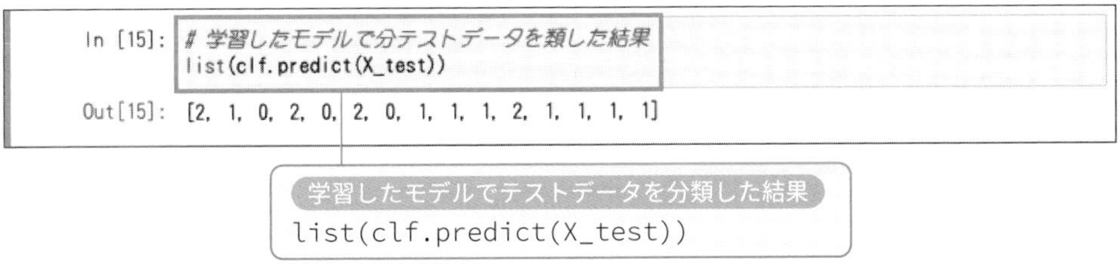

図7-33と図7-34の結果を確認すると、完全に一致しているのがわかります。

新たなアヤメの特徴データをもとに、アヤメの品種を分類するには、次の1行を実行します。

```
list(clf.predict([[がく片の長さ, がく片の幅, 花弁の長さ,花弁の幅]]))
```

scikit-learnの利用のまとめ

- scikit-learnの用途やライブラリーをインポートする方法を理解する
- 機械学習の実行ステップ（①データセットの用意、②アルゴリズム（モデル）の選択、③学習、④予測・評価）について理解する
- ランダム値を使って線形回帰を行う方法を理解する
- アヤメの計測データを使って分類／分析を行う方法を理解する

7-4 TensorFlowの利用

機械学習/ディープラーニングのためのライブラリーTensorFlowを使ってディープラーニングを実践します。データセットのMNSITを使用して、手書きの数字を画像認識できるようにします。

7-4-1 MNISTとは

MNIST（エムニスト）とは、手書きの数字を画像認識するのに使用される定番のチュートリアルデータです。機械学習の著名な研究者であるYann LeCun氏のWebサイト（http://yann.lecun.com/exdb/mnist/index.html）で公開されています。

MNISTデータセットには、28×28ピクセル256階調の手書き数字画像が約6万個収められています（**図7-35**）。

図7-35 ▶ MNISTデータセットのトレーニング用画像

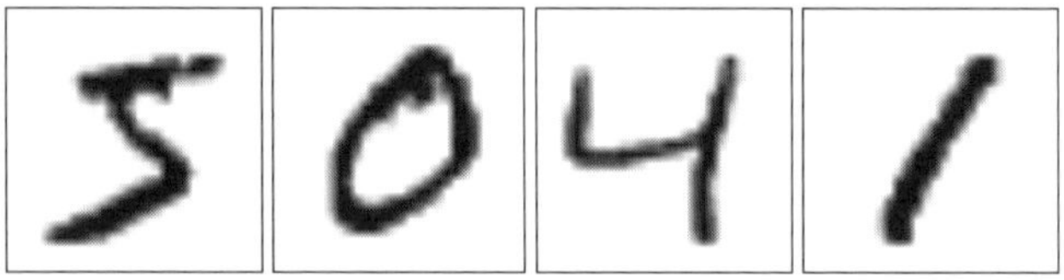

7-4-2 TensorFlowの基礎

TensorFlow（テンソルフローまたはテンサーフロー）は、Google社が開発している本格的な機械学習ライブラリーです。プログラミング言語Pythonのライブラリーとして提供されており、Windows、macOS、Linux（Ubuntu推奨）などの64ビットOS上で利用することができます。最近ではAndroid、iOS、Raspberry Pi向けのライブラリーも公開されており、モバイルデバイスアプリに組み込むこともできるようになっています。

またGPUコンピューティングに対応しており、CPUだけで処理するよりも、さらに高速な処理が可能になります。GPUを使ってTensorFlowを実行するには、Pythonの他に、GPUを開発しているNVIDIA社のディープラーニングライブラリーであるcuDNNやCUDAが必要になります。

TensorFlowの利用によって、機械学習の概念をそのまま直感的にコードに落としこむことができますが、そのためには機械学習の理論をあらかじめ理解しておく必要があります。

ニューラルネットワーク、**構造パターンマイニング**、**コスト関数**、**最急降下法**などの用語が随所に出てくるため、これらの理論を理解しないでTensorFlowを使うことはできません。そのためscikit-learnに比べると、難易度は高くなります。

本書では、機械学習の理論についての解説は省いていますが、それらの知識がなくても、TensorFlowの一連の処理を体感できるようにしています。サンプルスクリプトを実行して、TensorFlowがどのような処理を行っているのかを理解してみましょう。

7-4-3 TensorFlowのインストール

すでにPython実行環境がインストールされていれば、コマンド1行を実行するだけでTensorFlowライブラリーをインストールできますが、利用しているPython実行環境によって、インストール方法が異なります。

Python実行環境にAnacondaを使用している場合と、それ以外に分けて説明します。なお、TensorFlowによる機械学習を高速に処理するには、GPUコンピューティング環境が必要になります。ここでは、GPUを使わずにCPUのみで処理する前提でインストール方法を解説します。

Anacondaパッケージ管理コマンドによるインストール

Python実行環境にAnacondaを使っている場合は、パッケージ管理コマンドcondaを使用して、TensorFlowライブラリーをインストールします。condaコマンドを使用すると、Anaconda向けに用意された500以上のパッケージの追加インストールがかんたんに実行できます。

Windowsでは「Anaconda Prompt(anaconda3)」、macOSでは「ターミナル」を開いて、コマンドを入力できるようにしてください。プロンプトが表示されたら、次のようにcondaコマンドを実行します。「Proceed ([y]/n)?」と表示されたら Y を入力して Enter キーをタイプします。

```
> conda install tensorflow ⏎
...省略...
Proceed ([y]/n)?  Yを入力してEnterキーをタイプ
```

TensorFlowライブラリーのインストールが完了すると、次のようなメッセージが表示されます。

```
省略
Preparing transaction: done
Verifying transaction: done
Executing transaction: done
```

なお、condaによってインストールされるTensorFlowライブラリーは、pipでインストールされるものに比べてバージョンが古くなる場合があります。また、使用しているPython実行環境が新しいと、TensorFlowライブラリーがインストールできない場合があります。こうしたケースでは、この後の「Pythonのパッケージ管理コマンドの「pip」を使ってインストールする方法」で解説しているように、「pip」コマンドを使ってインストールしてください。

TensorFlowライブラリーは、ライブラリーやPython実行環境の依存関係によりインストールに失敗する場合があります。その場合はAnacondaをアップデート（1-3-7「Anacondaのアップデート」参考）してから、再度インストールを実行します。それでもインストールできない場合は、pipコマンドでを使ってインストールしてください。

Pythonパッケージ管理コマンドによるインストール

TensorFlowライブラリーは、Pythonのパッケージ管理コマンドのpipを使用してインストールできます。Python 3.4以上がインストールされていばpipは利用可能です。

Windowsでは「コマンドプロンプト」、macOSでは「ターミナル」を開いて、コマンドを入力できるようにしてください。プロンプトが表示されたら、次のようにpipコマンドを実行します。

```
> pip install tensorflow ⏎
```

インストールには数分から、環境によっては数時間かかる場合があります。TensorFlowライブラリーのインストールが完了すると、次のようなメッセージが表示されます。

```
省略
Successfully installed ...略...tensorboard-2.9.1 tensorboard-
data-server-0.6.1 tensorboard-plugin-wit-1.8.1 tensorflow-2.9.1 tensorflow-estimator-2.9.0
tensorflow-io-gcs-filesystem-0.26.0
...省略...
```

注：バージョンは2022年8月時点のもの

「Successfully installed …… <tensorflowのバージョン>」が表示されればインストールは成功です。このあとは「TensorFlow動作確認」を参考にしサンプルコードを実行し、動作を確認してください。

TensorFlowライブラリーは、ライブラリーやPython実行環境の依存関係によってインストールに失敗する場合があります。その場合はPython実行環境やpipコマンドをアップデートして再度インストールを実行します。それでもインストールできない場合は、公式サイトのマニュアル（https://www.tensorflow.org/install?hl=ja）を参考にします。

7-4-4 TensorFlowの動作確認

TensorFlowライブラリーが使えるかどうか、簡単なサンプルコードを実行し確認してみましょう。

Windowsでは「Anaconda Prompt(anaconda3)」、macOSでは「ターミナル」を開いて、コマンドを入力できるようにしてください。プロンプトが表示されたら、「python」と入力し、Pythonインタープリターを起動します。Pythonインタープリターが起動すると、「>>>」プロンプトが表示され、Pythonコードを入力できるようになります。

```
> python ↵    Pythonインタープリターを起動
Python 3.9.12
...省略...
>>>           Pythonコードを入力
```

「>>>」プロンプトに続けて、次の2行を実行します。

```
>>> import tensorflow as tf
>>> tf.__version__
```

1行目のインポートを実行するのに、実行環境次第では数分かかる場合があります。次のようにTensorFlowのバージョンが表示されていればインポートは成功です。

```
'2.9.1'
```

7-4-5 TensorFlowでMNISTを解く

TensorFlowチュートリアルプログラムを使ってMNISTを解いていきましょう。チュートリアルプログラムとして、Google社が公開しているTensorFlowチュートリアル（https://github.com/tensorflow/docs-l10n/blob/master/site/ja/tutorials/quickstart/beginner.ipynb）に掲載されているコードを利用します。

次のPythonスクリプトをJupyter Notebookを使って実行していきます（**リスト7-4**）。

リスト7-4 ▶ sample7-4-1.py

```
import tensorflow as tf
MNISTデータセットを用意して、0～255の整数値を0～1の小数に変換
mnist = tf.keras.datasets.mnist
(x_train, y_train), (x_test, y_test) = mnist.load_data()
x_train, x_test = x_train / 255.0, x_test / 255.0

モデルの構築
model = tf.keras.models.Sequential([
  tf.keras.layers.Flatten(input_shape=(28, 28)),
  tf.keras.layers.Dense(128, activation='relu'),
  tf.keras.layers.Dropout(0.2),
  tf.keras.layers.Dense(10)
])
```

```

損失関数
loss_fn = tf.keras.losses.SparseCategoricalCrossentropy(from_logits=True)

モデルのコンパイル
model.compile(optimizer='adam',
              loss=loss_fn,
              metrics=['accuracy'])

ログを出力するためのコールバック関数を定義
tensorboard_callback = tf.keras.callbacks.TensorBoard(log_dir="logs")

モデルのトレーニング
model.fit(x_train, y_train, epochs=5,callbacks=[tensorboard_callback])

モデルの評価
model.evaluate(x_test,  y_test, verbose=2)
```


7-4-6 チュートリアルスクリプトの実行

スクリプトの理解には、機械学習やディープラーニングの理論をあらかじめ理解しておく必要がありますが、ここでは、スクリプト内でどのような処理が行われているのかについて解説します。

TensorFlowのコーディングには、次の3つのモデルのうちいずれかを用います。

・Sequentialモデル
・Functionalモデル
・Subclassingモデル

初級者向けなのがSequentialモデルで、後ほど実行するスクリプトにも採用されています。Sequentialモデルでは、次の手順でコードを実装していきます。

①データセットの読み込み
②モデルの構築
③モデルの設定
④モデルの学習
⑤モデルの評価

① TensorFlowライブラリーのインポート

最初にライブラリーをインポートします（**図7-36**）。TensorFlowのライブラリーは「tf」という別名で使えるよう「import tensorflow as tf」と宣言します。

図7-36 ▶ TensorFlowライブラリーのインポート

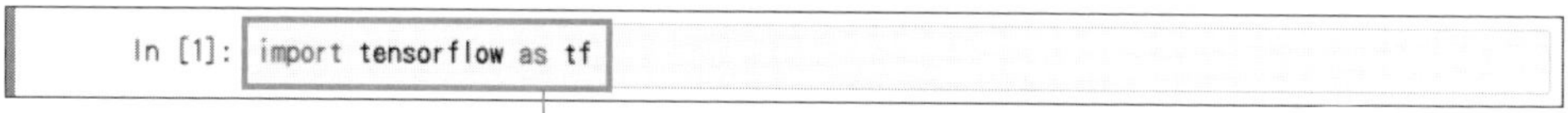


```
import tensorflow as tf
```

セルにコマンドを入力したら、Shift と Enter を同時にタイプして、コマンドを実行します。

②データセットの読み込み

次に学習対象となるMNISTデータセットを読み込みます（**図7-37**）。それには「tf.keras.datasets.mnist」を使用します。`load_data( )`を実行することで読み込みが行われます。読み込んだデータセットは、学習用と評価用に分割します。

図7-37 ▶ データセットの読み込み

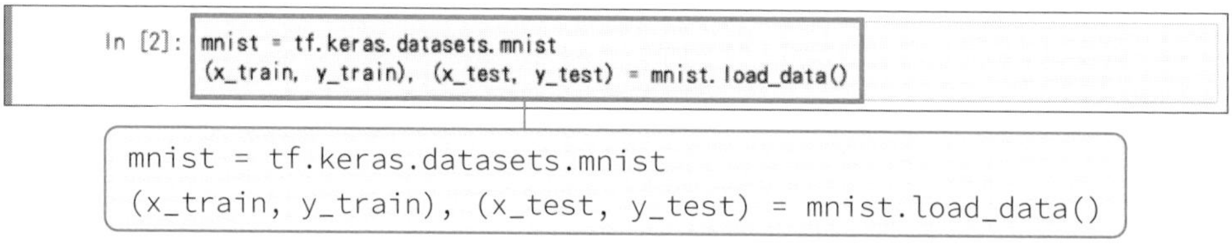


```
mnist = tf.keras.datasets.mnist
(x_train, y_train), (x_test, y_test) = mnist.load_data()
```

「x_train」はトレーニング用画像データ（手書きの数字）、「y_train」はトレーニング用ラベルデータ（0～9のどの数字かを示す数値）、「x_test」は評価用画像データ、「y_test」は評価用ラベルデータになります。

これらのデータを扱いやすくするために正規化を行います（**図7-38**）。そのために整数データを浮動小数点に変換します。MNISTの手書き文字画像は、各ピクセルが白黒256諧調(0～255の数値)になりますが、これを0～1の範囲内に収まるように調整します。

図7-38▶データの正規化

```
In [3]: x_train, x_test = x_train / 255.0, x_test / 255.0
```

```
x_train, x_test = x_train / 255.0, x_test / 255.0
```

③モデルの構築

画像を分類するためのニューラルネットワークのモデルを構築します(**図7-39**)。チュートリアルでは、各層を順番につなげていく**Sequentialモデル**を使用します(**図7-40**)。

図7-39▶モデルの構築

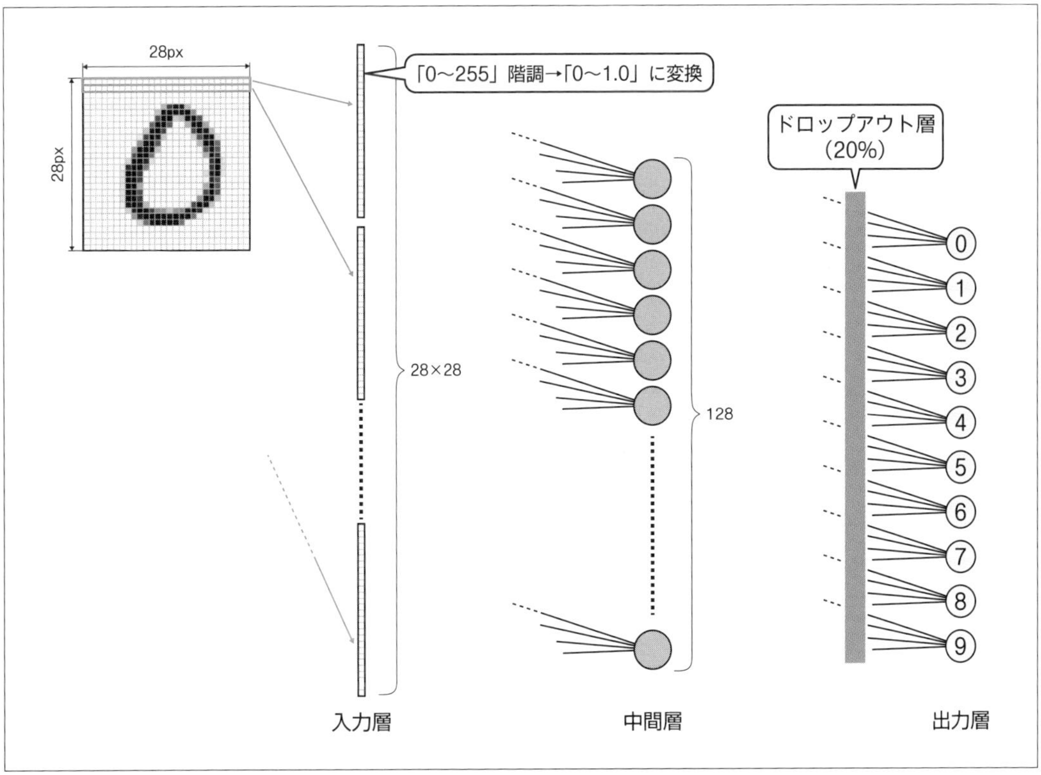

図7-40 ▶ Sequentialモデル

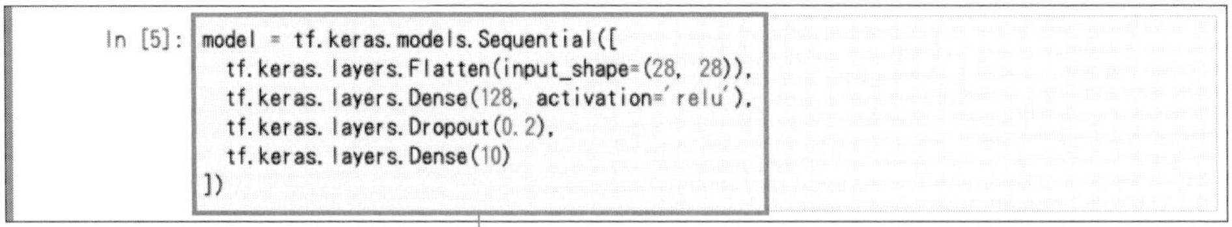


```
model = tf.keras.models.Sequential([
  tf.keras.layers.Flatten(input_shape=(28, 28)),
  tf.keras.layers.Dense(128, activation='relu'),
  tf.keras.layers.Dropout(0.2),
  tf.keras.layers.Dense(10)
])
```

最初の層は、「tf.keras.layers.Flatten(input_shape=(28, 28))」になります。28×28の2次元データを`Flatten( )`関数によって、1次元配列に変換したものを最初の入力層に使用しています。

「tf.keras.layers.Dense(128, activation=' relu')」は、入力層につながる次の層（中間層）になります。128ノードからなり、活性化関数`relu`を用いて、入力値が0以下なら「0」を、0より大きければ入力値そのものを返します。

「tf.keras.layers.Dropout(0.2)」は、直前の層に対して、ドロップアウト率（0.2）を設定して過学習を防ぎ、モデルの精度を向上するようにしています。

最後の「tf.keras.layers.Dense(10)」は出力層になり、0～9のどの数字かを判定するため、出力層は10ノードになります。

④モデルの設定

予測値と正解値の誤差を計算する損失関数を定義します（**図7-41**）。チュートリアルでは損失関数として、**交差エントロピー**を使用しています。

図7-41 ▶ 損失関数の定義

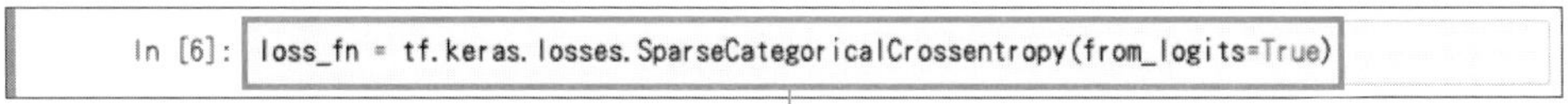


```
loss_fn = tf.keras.losses.SparseCategoricalCrossentropy(from_logits=True)
```

モデルのパラメータを設定して学習方法を定義します（**図7-42**）。必要なパラメータは、最適化関数、損失関数、メトリクスの3つになります。

最適化関数には、収束が速いとされる「Adam（Adaptive Moment Estimation）」を設定しています。損失関数には、先ほど定義した「交差エントロピー」を設定します。メトリクスとして、手書き文字の分類では定番の「accuracy」を設定します。

図7-42 ▶学習方法の定義

```
In [7]: model.compile(optimizer='adam',
                      loss=loss_fn,
                      metrics=['accuracy'])
```

```
model.compile(optimizer='adam',
              loss=loss_fn,
              metrics=['accuracy'])
```

⑤モデルの学習

fit( )関数を実行してモデルの学習（トレーニング）を行います（**図7-43**）。引数には、トレーニングデータ、教師ラベルデータ、エポック数を指定します。エポック数によって、何回繰り返して学習させるかを決めます。チュートリアルではエポック数を「5」と設定しているため、5回学習が行われます。

図7-43 ▶モデルの学習

```
In [12]: model.fit(x_train, y_train, epochs=5)

         Epoch 1/5
         1875/1875 [==============================] - 4s 2ms/step - loss: 0.0422 - accuracy: 0.9862
         Epoch 2/5
         1875/1875 [==============================] - 4s 2ms/step - loss: 0.0404 - accuracy: 0.9869
         Epoch 3/5
         1875/1875 [==============================] - 5s 3ms/step - loss: 0.0387 - accuracy: 0.9873
         Epoch 4/5
         1875/1875 [==============================] - 3s 2ms/step - loss: 0.0368 - accuracy: 0.9873
         Epoch 5/5
         1875/1875 [==============================] - 3s 2ms/step - loss: 0.0328 - accuracy: 0.9885

Out[12]: <keras.callbacks.History at 0x7f994cc29100>
```

```
model.fit(x_train, y_train, epochs=5)
```

⑥モデルの評価

最後に学習したモデルに対して評価（テスト）を実施します（**図7-44**）。トレーニングに利用しなかった評価用のデータと評価用教師ラベルデータを使い正解率を出力します。1に近い値になるほど精度が高くなります。3番目のパラーメータ「(verbose=2)」は、評価結果の出力に関する指定になり、プログレスバー表示をしない場合に指定します。

図7-44 ▶モデルの評価

```
In [13]: model.evaluate(x_test,  y_test,  verbose=2)
         313/313 - 0s - loss: 0.0847 - accuracy: 0.9787 - 455ms/epoch - 1ms/step
Out[13]: [0.084663987159729, 0.9786999821662903]
```

```
model.evaluate(x_test,  y_test, verbose=2)
```

7-4-7 学習過程やデータフローを見る

ニューラルネットワークによる学習過程のスカラー値やデータフローグラフを見るには、**tensorboard**を使って可視化します。

先に実行したチュートリアルスクリプトを修正して、ログを出力するようにします。それにはmodel.fit( )で学習を実行する際に、ログを出力するためのコールバック関数を定義して指定します(**図7-45**)。

図7-45 ▶ログの出力

```
In [15]: tensorboard_callback = tf.keras.callbacks.TensorBoard(log_dir="logs")
         model.fit(x_train, y_train, epochs=5,callbacks=[tensorboard_callback])
         Epoch 1/5
         1875/1875 [==============================] - 5s 2ms/step - loss: 0.0334 - accuracy: 0.9885
         Epoch 2/5
         1875/1875 [==============================] - 5s 3ms/step - loss: 0.0289 - accuracy: 0.9899
         Epoch 3/5
         1875/1875 [==============================] - 4s 2ms/step - loss: 0.0287 - accuracy: 0.9898
         Epoch 4/5
         1875/1875 [==============================] - 4s 2ms/step - loss: 0.0300 - accuracy: 0.9898
         Epoch 5/5
         1875/1875 [==============================] - 6s 3ms/step - loss: 0.0248 - accuracy: 0.9916
Out[15]: <keras.callbacks.History at 0x7f994cc67610>
```

```
tensorboard_callback = tf.keras.callbacks.TensorBoard(log_dir="logs")
model.fit(x_train, y_train, epochs=5,callbacks=[tensorboard_callback])
```

スクリプトを実行したフォルダ(ディレクトリ)にlogsフォルダが作成されてそこに出力さ

れます。

セルを実行するとログが出力されます。ホームフォルダ内にlogsフォルダが作成され、ログファイルが出力されます。ログファイルをtensorboardで可視化するには、tensorboardを起動します。Windowsでは「Anaconda Prompt(anaconda3)」を、macOSやLinuxでは「ターミナル」を開いて、コマンドを入力できるようにしてください。プロンプトが表示されたら、次のようにコマンドを入力して実行します。

・Windowsの場合

```
C:> tensorboard.exe --logdir=.\logs\ ↵
省略
TensorBoard 2.9.1 at http://localhost:6006/ (Press CTRL+C to quit)
```

・macOS／Linuxの場合

```
$ tensorboard --logdir=./logs/ ↵
省略
TensorBoard 2.9.1 at http://localhost:6006/ (Press CTRL+C to quit)
```

Webブラウザーを起動し「http://localhost:6006」にアクセスすると、**図7-46**、**図7-47**のように可視化されたデータが表示されます。

図7-46 ▶学習過程のスカラー値（エポックごとの正答率と損失）の可視化

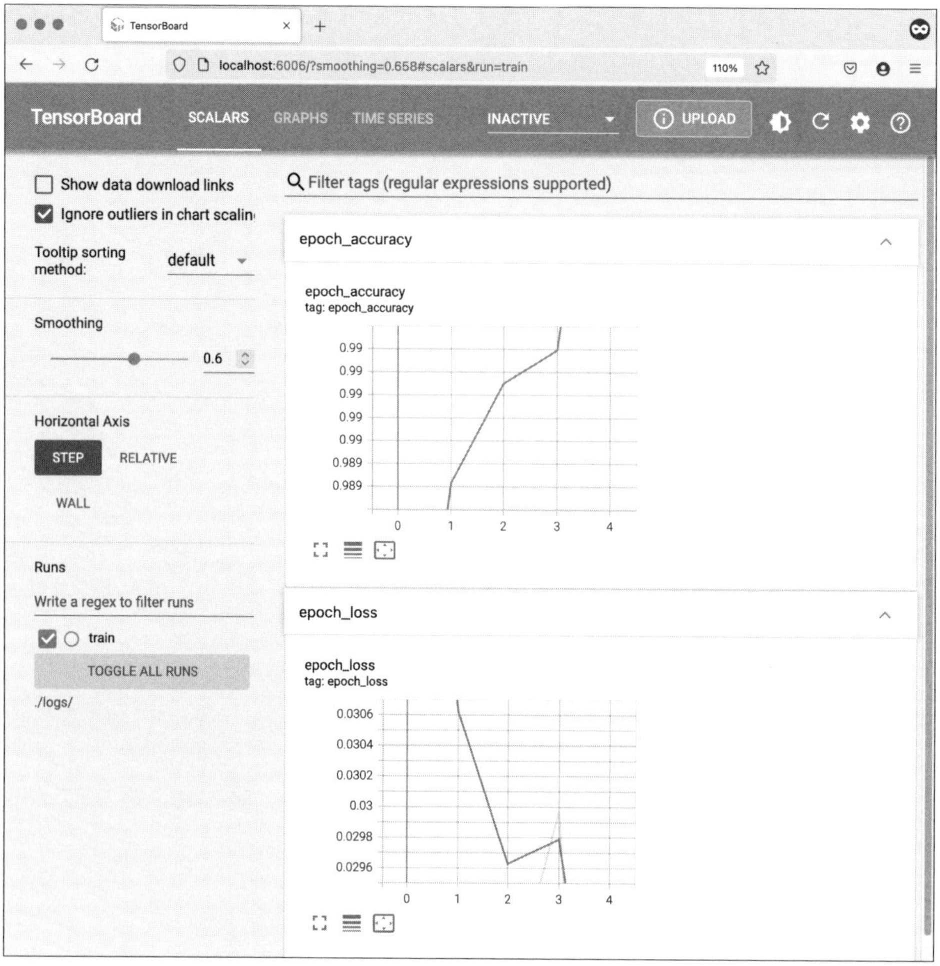

図7-47 ▶データフローグラフの可視化

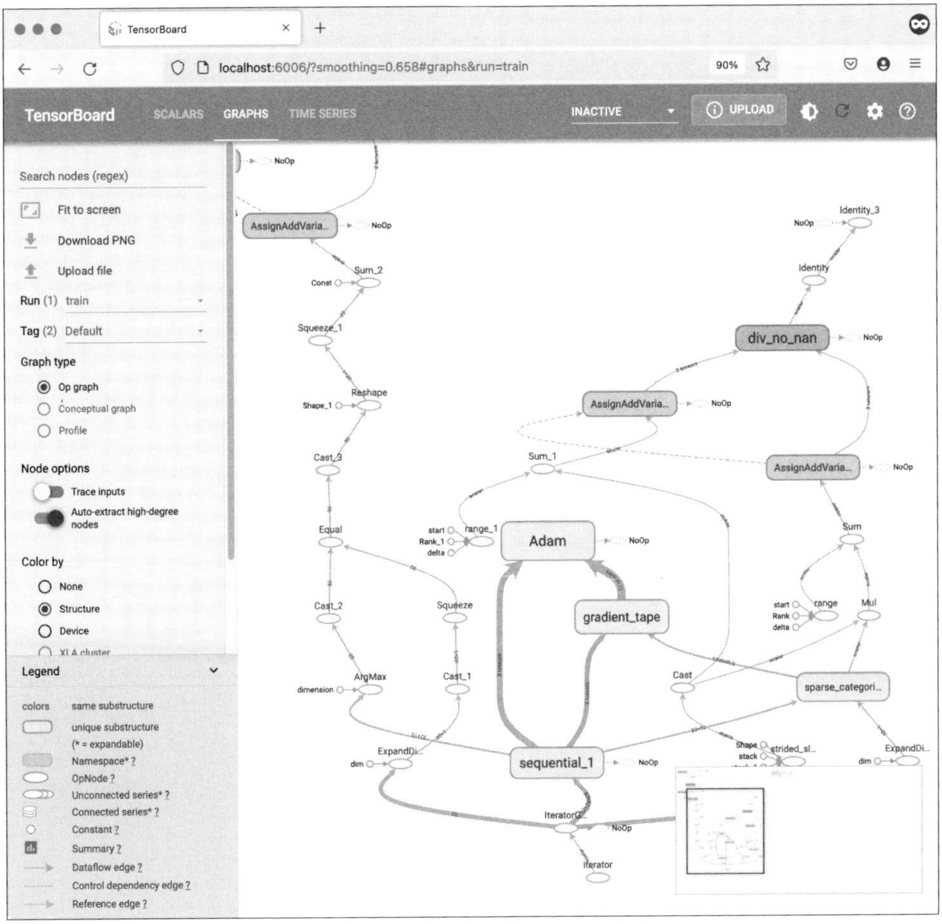

終了するには、tensorboardを起動したコマンドプロンプトやターミナルで、Ctrl と C を同時にタイプします。

TensorFlowの利用のまとめ

- TensorFlowの用途やチュートリアル「MNIST」の実行方法を理解する
- TensorFlowのインストール方法を理解する
- チュートリアルスクリプト「mnist_softmax.py」の内容を理解する
- tensorboardで学習過程やデータフローを可視化する方法を理解する

記号／数字

A～C

D～H

I～L

M～Q

か行

さ行

た行

な～は行

ま行

や～ら行

◉鶴長 鎮一（つるなが しんいち）
大学院在学中からISPの立ち上げに携わり、現在はソフトバンク（株）に勤務。突出した知識やスキルを持つトップエンジニアとして「Technical Meister」に社内認定される。サイバー大学での講師をはじめ、AIインキュベーションの「DEEPCORE」での技術アドバイザリーなど、幅広い業務に従事。Software Design（技術評論社）や日経Linuxへの寄稿をはじめ、著書に「サーバ構築の実際がわかる Apache［実践］運用／管理（技術評論社）」、「Nginx ポケットリファレンス（技術評論社）」、「図解即戦力 Web技術がこれ1冊でしっかりわかる教科書（技術評論社）」ほか。

本書の内容に関するご質問は、下記の宛先までFAXまたは書面にてお送りください。お電話によるご質問、および本書に記載されている内容以外のご質問には、一切お答えできません。あらかじめご了承ください。

宛　先：
〒162-0846
東京都新宿区市谷左内町21-13
技術評論社　書籍編集部
『これからはじめる　Python入門講座　文法から機械学習までの基本を理解』質問係
FAX：03-3513-6167

なお、ご質問の際に記載いただいた個人情報は質問の返答以外の目的には使用いたしません。また、質問の返答後は速やかに破棄させていただきます。

URL● https://book.gihyo.jp/116/

装丁 ● クオルデザイン 坂本真一郎
本文デザイン ● はんぺんデザイン
本文レイアウト ● はんぺんデザイン
編集 ● 春原正彦

これからはじめる　Python《パイソン》入門《にゅうもん》講座《こうざ》
文法《ぶんぽう》から機械学習《きかいがくしゅう》までの基本《きほん》を理解《りかい》

2023年　1月　5日　初版　第1刷発行
2023年　7月29日　初版　第2刷発行

著　　者　鶴長《つるなが》　鎮一《しんいち》
発 行 者　片岡　巌
発 行 所　株式会社技術評論社
　　　　　東京都新宿区市谷左内町21-13
電　　話　03-3513-6150（販売促進部）
　　　　　03-3513-6160（書籍編集部）
印刷／製本　昭和情報プロセス株式会社

定価はカバーに表示してあります。

ISBN978-4-297-13200-2　C3055
PRINTED IN JAPAN